CHINA LITERATURE AND ART FOUNDATION
中国文学艺术基金会　资助项目
中国文学艺术发展专项基金

U0193467

100 个
改变建筑的伟大观念

【英】理查德·韦斯顿　著

田彩霞　译

中国摄影出版传媒有限责任公司
China Photographic Publishing & Media Co., Ltd.
中国摄影出版社

100 个
改变建筑的伟大观念

【英】理查德·韦斯顿 著

田彩霞 译

目　录

引　言　　　　　　　　　　　　　　6

100 个改变建筑的伟大观念　　　8

术语表　　　　　　　　　　　　208

图片来源　　　　　　　　　　　210

致　谢　　　　　　　　　　　　211

观念 1	壁　炉	8	观念 51	建造的艺术	108
观念 2	地　板	10	观念 52	构造形式	111
观念 3	墙	13	观念 53	色彩装饰	112
观念 4	柱和梁	14	观念 54	保　护	114
观念 5	门	17	观念 55	共　情	117
观念 6	窗	18	观念 56	空　调	118
观念 7	砖	20	观念 57	形式追随功能	120
观念 8	楼　梯	23	观念 58	时代精神	122
观念 9	古典柱式	24	观念 59	空　间	125
观念 10	拱	26	观念 60	现代性	126
观念 11	拱　顶	28	观念 61	材料属性	128
观念 12	圆屋顶	30	观念 62	覆　层	130
观念 13	拱　廊	33	观念 63	有机建筑	132
观念 14	庭　院	34	观念 64	装饰即罪恶	134
观念 15	中　庭	36	观念 65	自由平面	137
观念 16	平　台	39	观念 66	建筑步道	138
观念 17	巴西利卡	40	观念 67	新建筑五点	141
观念 18	人文主义	42	观念 68	抽　象	142
观念 19	比　例	44	观念 69	透　明	144
观念 20	形　式	47	观念 70	轴测投影	146
观念 21	装　饰	48	观念 71	拼　贴	148
观念 22	理想形式	51	观念 72	层　次	150
观念 23	模　数	52	观念 73	国际风格	152
观念 24	网　格	55	观念 74	少即是多	154
观念 25	对　称	56	观念 75	地方主义	156
观念 26	实用、坚固和美观	59	观念 76	弹　性	158
观念 27	特异性	60	观念 77	粗混凝土	161
观念 28	建筑师	62	观念 78	形态学	162
观念 29	正射投影	64	观念 79	加法式布局	165
观念 30	透视投影	66	观念 80	服务性与使用性空间	166
观念 31	布　局	68	观念 81	后现代主义	168
观念 32	乌托邦	70	观念 82	复杂与矛盾	170
观念 33	风　格	73	观念 83	棚　架	172
观念 34	帕拉第奥主义	74	观念 84	类　型	174
观念 35	走　廊	76	观念 85	环　境	176
观念 36	原始小屋	78	观念 86	场　所	178
观念 37	场所精神	80	观念 87	现象学	180
观念 38	透视画法	82	观念 88	皮　层	183
观念 39	风景如画派	84	观念 89	电脑辅助设计	184
观念 40	哥特式复兴	86	观念 90	雨幕墙	186
观念 41	布杂艺术	88	观念 91	社区建筑	188
观念 42	铁	90	观念 92	通用设计	191
观念 43	钢	92	观念 93	设计与施工	192
观念 44	玻　璃	95	观念 94	被动式设计	194
观念 45	屋顶采光	96	观念 95	可持续性	196
观念 46	结构框架	98	观念 96	解　构	199
观念 47	中央供暖系统	100	观念 97	大	201
观念 48	电　灯	102	观念 98	折　层	202
观念 49	升降电梯	104	观念 99	参数化设计	204
观念 50	钢筋混凝土	106	观念 100	日　常	206

引　言

本书的书名显然提出了两个问题：首先，什么是与建筑有关的"观念"？其次，本书中讨论和阐述到的100个观念是如何被选择出来以及组织起来的？从目录和书中内容就可以看出，本书并不是要讨论当下蓬勃发展的建筑理念。而恰恰相反，很多观念从本质上讲，无关乎哲学或者理论。事实上，很多读者或许会很质疑本书讨论的有些内容是否称得上"观念"，比如本书开篇就提到的"壁炉"，以及紧随其后的"墙"和"砖"。

不仅是读者会有这种误解，就连作者本人起初也抱有一样的想法。但是当作者草拟出可能涉及的"观念"之后，起初的偏见不攻自破。真正改变建筑的实用艺术的观念，并非推动人类文明进步的几个少数宏观的哲学理念。恰恰相反，大多数情况下影响建筑的观念都是一些看似微不足道的理念，比如用砖或者通过钢材加固混凝土结构。从根本上说，人类创造一切之初并非始于一些我们认为高深到可以申请专利的想法，诸如漫画家喜欢在科学家脑中放入一个闪烁的灯泡表示灵感。相反，人类做很多东西往往始于指导性的想法，例如告诉一位石匠如何将石头垒成拱门，最后整个结构就像魔术一样，沉重的石头垒在一起却可以抵抗地心引力，同时在墙壁形成出入口。很多类似的观念一定是由很多人在很多不同的地方独立形成的，而那些灵光一现的观念，诸如漫画家用发光的灯泡来表示科学家脑海中的灵感，具体是在什么时候形成的已经无从得知，但是这并不会削弱这些观念的重要性。

我们只需稍稍向前回顾，就会意识到，那些改变建筑的观念和想法，往往都貌似平淡无奇。例如，现代建筑中最有名的理念之一——"自由空间布局"，如果没有集中供暖系统的发展，这个理念就不可能在实际中得到运用。只是在提供了集中供暖系统之后，建筑师才脱离了壁炉和烟囱的束缚，从而自由地发挥想象力，就如同青少年从父母的监护中独立出来一样。又好似建筑史上，烟囱的发明使得人类可以建造出有多个房间或者公寓的大型建筑。

因此，最终的选择标准旨在反映这些观念不同的特质，以及这些观念是如何从不同的角度影响着建筑的变化和发展。这些观念包括以下大的方面：

建筑元素——墙壁、柱子、梁、穹等，以及这些架构的细化，例如古希腊形成的古典柱式建筑，时至今日，很多建筑学家依旧认为古希腊的柱式建筑是最美的建筑形式。

社会观念的不断创新也越来越多地影响到建筑师的观念更新，包括独立设计师的想法，甚至囊括了很多新近的理念，如社区建筑和通用设计（过去被称作"残障人士专用设计"）。

空间类型和组织形式，例如罗马长方形教堂，后来大多数基督教教堂都沿用了这种建筑风格；又如如今无所不在的走廊，却是现代建筑的发明创造成果。

设计和绘图技巧，既包括设计运用层面，如使用正射投影来绘制平面和剖面图，以及如今几乎彻底取代画板的电脑辅助绘图技巧；也包括概念性技巧，如抽象原理或分层理念。

最后会讨论一些直接或间接影响到建筑发展的理论性和抽象性的观念，例如人文主义视建筑为其具有生命力的有机体，以及现代建筑领域更广为人知的一些口号，诸如"形式服务于功能"和"少即是多"等。

最终的选择旨在涵盖以上所提到的方方面面的观念，尽管如此，本书也不敢妄称做到了毫无遗漏。本书讨论了跟地板相关的常见观念，同时也会涵盖地板的衍生物——平台，但是屋顶就不仅限于指砖石结构的建筑，而是分别介绍了穹顶和圆顶。这体现出本书对西方建筑的侧重和偏向，而且西方建筑在很长的历史时期都是以石质建筑为主。我们也尽量避免将本书编撰成一本教科书，所以并不重在对很多概念下定义。同时，我们也省略了在一些人看来是建筑界的基本概念——"房间"，或者，更通俗的说法是"内部（室内）"，这个概念在实际中多指通过各种不同的方法形成的封闭性空间。在19世纪，当"内部（室内）"的概念开始为人们所讨论，这也促使"（建筑）是封闭空间的艺术"这一理念逐渐浮出水面，传统的"房间"的概念也很快被遗忘。此概念首先是在弗兰克·劳埃德·赖特的著作中提及，随后在建筑大师勒·柯布西耶的知名著作《新建筑五点》中，被当作现代建筑的基本指导原则。

在这100个观念被选定之后，我们经过了多次讨论，最终决定按照时间先后来进行排序，从那些最普通和平淡无奇的观念，或者是技术概念开始，逐渐过渡到其他观念。毫无疑问，这种安排形成了两个大的部分：其一是文艺复兴精神的复活，即古希腊和古罗马理念和实践的回归，直至19世纪前，这一大的观念也注定牢牢地统治着西方建筑；其二就是工业革命的影响，工业革命改变了建筑建造的方式，以及相关的文化发展，最终促成很多新近建筑思潮的涌现。

很多观念历久弥新，至今仍然影响着我们身边的建筑。在写作中，本书不可避免地对某些观念有所侧重，比如部分最近的创新，以及本书接近尾声部分讨论的一些观念，但可能它们在未来反而显得不那么重要了；又或者这些观念，诸如新颖的数字技术以及参数化设计，能在未来产生广泛的影响，甚至远远超出我们今天的预期。

尽管本书从组织上大致是按照时间顺序编撰，从头到尾会让读者感受到一种线性的阅读体验，但是每篇独立的文章都会尽可能完善，努力做到即使每一篇文章被独立抽取出来，读者也可以随意阅读和欣赏。每个观念同其他观念之间的关联则通过相关的词语强调，或提供多种替代方法来解释，借用本书提到的一个观念来形容本书，那就是"（这是）风景如画的发现之旅"。讨论建筑不可避免地会涉及一些专业术语，但是本书已尽量减少术语的使用，而且附录术语表中会对书中频繁出现的一些专业词汇作出解释。本书旨在作为一本能吸引人的普及性读物，面向更多读者广泛介绍影响建筑的观念。

家庭的永恒象征

观念 1

壁　炉

这是来自法国拉瓦尔的中世纪手稿日历，图片捕捉了在13世纪的一个2月天里，古代人类在寒冷的北方取暖的美丽瞬间。

在大多数气候条件下，火和人类居所有着密不可分的关系。直到近些年，这种关系才有所改变。壁炉或者灶台——简言之也就是产生热源和做饭的地方——在建筑史的最初就已经被很多人所关注。火既是一种生活的必需品，也是一种社会关注的集合体。在为人类所知的最早的建筑中，壁炉的形式比较简单，就是在室内地面挖出一个小坑用来生火。

早期地炉所产生的烟，往往从屋顶的缝隙排出，能源得不到有效的利用。尽管后来随着建筑的发展，有了烟囱和中央供暖系统，但直至19世纪，这种地炉在农村地区仍然被广泛采用。

古罗马人在建筑物的墙壁内安装陶瓷管来将生火做饭产生的烟尘排到户外。但是真正意义上的烟囱——就是现在我们所见到的矗立在屋顶、将生火产生的烟雾排出户外的设施——直至12世纪才在欧洲出现。到了17世纪，烟囱成为建筑物非常重要的一部分，房间甚至都围绕烟囱而建。通常烟囱作为建筑物的一种支撑结构，位于建筑物的中央，围绕着烟囱有一幢或者多幢建筑。到18世纪后期，坎特·兰姆福特设计出一种高且浅的燃烧室，具有更好的排烟效果。它能将废气向上引导并且排放到室外，极大提高了投射到房间的热量，这一设计成为现代壁炉的建造基础。

从建筑角度来说，壁炉是与相应的防火外围结构相结合的，加上人们精心雕琢在炉口和周边的设计，因而其在一个房间或一幢建筑中会扮演核心角色，显得非常引人注目。法国城堡，例如布洛瓦、香波堡和枫丹白露宫（对页图），都因烟囱的规格和艺术化设计而闻名于世。然而在巴洛克和洛可可时期，壁炉的规格通常要小一些，但装饰更加复杂和富丽堂皇。壁炉的广泛使用使得一些大型建筑的屋顶成为一道亮丽的风景线，例如英国伯利城堡的屋顶。

从社会发展的角度来说，壁炉的发展所产生的意义更加深远，它使得人们可以拥有"自己的房间"，从而使现代社会所提倡的隐私和个性成为可能。

由于中央供暖系统的出现以及对于废气排放的规范管理，现代建筑已经很少有开放式壁炉了。但是天然气火炉和木材火炉仍然被认为是提供"真正的火"的重要工具。让人惊讶的是，在勒·柯布西耶的观念里，壁炉是家庭的重要象征。在他自己设计的马赛公寓里，他将壁炉的作用提高到近乎"神圣"的地位。他甚至这样写道："即使火来自电能，也具有同等的重要性。"阿尔托设计的玛利亚别墅（参见第148页图）虽然依靠空调系统来制热，但还是在起居室设计了大型白色石膏壁炉，占据了很大的空间，充满原汁原味的本土气息。弗兰克·劳埃德·赖特所设计的"草原式住宅"，整个建筑就是围绕着燃烧的火源而建的。随后造价成本较低的"美国风住宅"（参见第101页左图）则采用了地暖系统。但是这两种建筑都采用了中央壁炉，赖特将其称作"房屋心理上的中心"。在赖特后来设计的一些更宏伟的建筑中，诸如流水别墅和展翅宅邸，大型烟囱成为整栋建筑的核心，中央壁炉和烟囱布局都经过了精心的设计和安排。最具意味的是罗伯特·文丘里设计的"母亲之家"（参见第170—171页图），于1962年建于费城郊区，是建筑师为母亲设计和建造的住所。他特意将建筑的正面设计成房子模样，这也成为后现代建筑的标志性作品。

图中巨大的壁炉是近30米长的枫丹白露宫舞会厅的中心，这是16世纪典型的华丽版壁炉。法国风格主义流派将其称为"枫丹白露风格"。

锡耶纳大教堂的地板镶嵌了彩色的石头，使地板与整个教堂的风格融为一体。

稳稳锚定在大地上

观念 2

地 板

　　最早的"地板"可能简陋到就是封闭空间里一块干净的地面。在有关建筑的主要元素中，地板可能是建筑物中最不可少的，同时也是人为正式改造可能性最小的元素。尽管可以发挥和改造的余地非常有限，地板还是提供了一系列令人惊讶的表现机会。

现代主义对于延续性的追求在大都会建筑事务所雷姆·库哈斯所设计的乌特勒支大学教育中心得到了完美诠释，地板和天花板的设计像缎带般融为一体。

　　最早的地板可以延伸出建筑物，从而形成四起的平台，就像意大利维罗纳由卡洛·斯卡帕改造的卡斯泰尔维基奥老城堡（1954—1967年，参见第115页和第150页图）。地板从封闭的老城墙中凸出来，这样一来新延伸出的地面就像漂浮在老建筑之上。但在勒·柯布西耶的殿堂级杰作——朗香教堂（1950—1955年）的设计中，地板则返璞归真，仅仅是一块地面而已。他也借此强调了教堂本身与所处的环境应浑然一体，从而紧紧依附于母亲般的土地。

　　地面地板，包括浮于地面之上的地板，也包括脱离地面的地板。当建筑物为木制结构的时候，通常会选择悬浮地板，以避免地板受潮，以及受到雨水或者洪灾的侵蚀。日本的传统建筑尤以这种悬浮地板而闻名，这一理念在密斯·凡德罗设计的范斯沃斯住宅中也得到了体现（参见第154页图）。

　　鉴于实际工程和建筑物构造的原因，很多多层建筑的地板结构都是相似的。对于石质建筑来说，这完全符合构造逻辑。但是对于木质框架的建筑来说，则经常采用凸起或悬浮式地板。直到20世纪，人们才普遍认为地板可以做成凸起或旋转的平面，以便于同周边环境形成更好的互动关系。鉴于对空间连贯性的完美追求和对钢筋混凝土及钢结构的充分利用，弗兰克·劳埃德·赖特设计的流水别墅（1935年，参见第61页图）的地板完全挑于地表之上。这一理念后来被丹尼斯·拉斯登用作城市建筑设计的策略，其中最有名的代表作就是位于伦敦的英国国家大剧院（1967—1976年）。

　　如今，建筑物的家具形式、摆放位置和通用设计理念在大多数情况下都要求地板是平坦和水平的，同时没有太多层次上的变换。但是，萨伏伊别墅的设计中就引入了斜坡设计。斜坡就好比支架，在建筑内部构建了"漫步空间"。在他后来设计的作品中，例如斯特拉斯堡会议中心和菲尔米尼的圣皮埃尔教堂，地板和斜坡之间的差别逐渐变得模糊。勒·柯布西耶鼓励这种设计理念，并得到一系列建筑师的贯彻和积累，其中就包括雷姆·库哈斯、扎哈·哈迪德以及MVRDV建筑事务所等。在他们的设计中，公共建筑的主要连通空间的地面被处理成了连续平缓的斜坡。

　　因为我们总同地板保持直接接触，或者通过家具产生间接接触，地板的装饰会影响到我们对建筑的感受，这一点至关重要。例如阿尔托设计的芬兰珊纳特赛罗市政厅，当访客进入市政厅时，首先踏上的是砖结构的地板和楼梯，但是在进入议会厅之后，地板的材质采用了抛光的木质地板，肃穆感和寂静感油然而生，其效果强于任何"请保持安静"的文字声明。在整个市政厅的设计中，阿尔托的设计体现出了人类通常潜意识中存在的对于建筑材质感知的呼应。而近些年来，很多建筑设计采用玻璃地板来强调视觉的连贯性，但这些设计中，人类潜意识对地板材质呼应的敏锐度则被忽略。

由莱昂·巴蒂斯塔·阿尔伯蒂设计的佛罗伦萨鲁切拉宫，充分体现了古罗马设计的经典元素，在墙壁的设计中大量使用半壁柱和圆柱。

空间衔接

观念 3
墙

瑞士籍建筑大师马里奥·博塔设计的瑞士提契诺州村落民居建筑物的墙壁，使用的彩色石块在视觉上呈现出线条状，达到了与意大利罗马式教堂相似的设计效果。

"墙"一词起源于拉丁单词 vallum，指组成古罗马防御系统的土垒。英文单词"wall"，则泛指任何组成封闭空间或封闭地面的扩展结构。

可能因为土墙结构从下往上逐渐收窄的形式更加坚固，所以史上早期最宏伟的建筑——埃及金字塔，就采用了这种锥形设计，从而形成了宏伟的视觉效果和坚固的结构。与此相反，在古希腊建筑中，墙的重要性要次于圆柱。圆柱是古希腊建筑的主要观赏元素，而古罗马人将希腊圆柱的设计转化成围墙的方式。古罗马斗兽场巨大的围墙（参见第25页图）由三层拱廊和半圆柱支撑，随后的托斯卡纳、爱奥尼克和科林斯建筑多采用这种设计风格。

在15世纪早期，随着古罗马建筑风格在意大利的复兴，围墙开始再次成为建筑的重要组成部分。在哥特式建筑风靡时期，围墙曾经一度被石匠精美的窗饰取代。这种风格在莱昂·巴蒂斯塔·阿尔伯蒂设计的佛罗伦萨鲁切拉宫（1446—1451年，对页图）上得到了完美的诠释和体现。其设计的基本表达方式可以确定是来源于古罗马斗兽场的设计理念——扁平的半露柱的设计排列，既有托斯卡纳和科林斯建筑的风格，同时也融入了阿尔伯蒂自己的设计理念。在砌石工艺方面，整个建筑的墙面有着随处可见的交接点。地面交接处则采用了繁复的充满质朴气息的雕刻装饰，以此来强调力量感。尽管如此，我们所看到的所有交接点并不是简简单单的石头和石头的交接。在阿尔伯蒂的设计理念中，他想展示的是一面完美的墙壁，而不仅仅是一面普通的墙。

阿尔伯蒂和其他一些早期文艺复兴的建筑家创立了一套墙壁表达方式，这种表达方式统治了西方建筑界，融合了从布鲁内莱斯基设计的佛罗伦萨巴齐礼拜堂所体现出的细腻感到米开朗琪罗设计的罗马圣彼得大教堂后殿所体现出的力量感的不同质感。石质墙在波罗米尼的手中变得具有可塑性，而帕拉第奥的设计则让石质墙富有低调的质朴感。他们的卓越成就几乎无人可以望其项背，如果说后来者可以对其有所挑战的话，那么就是新古典主义所倡导的希腊设计艺术的回归——在墙壁的设计中大面积使用古典柱式元素。直至19世纪，随着科技的发展，新的建筑材料不断出现，砖石建筑不再是大型建筑的主要形式，人们才开始重新探讨墙壁的角色和作用。

当墙壁被从承重的功能中释放出来，结构框架开始涌现出新的可能性和表现形式，诸如覆层和建筑幕墙。反过来，墙壁也因此获得新生，开始成为独立的平面，而不再仅仅被用来塑造封闭空间，这对于现代主义建筑师重新定义空间的概念起到了至关重要的作用。在他们的理念中，空间被定义为"流动的连续性"。然而，由于石质材料有白天吸热、夜间缓慢释放热量的特质，大型石质墙壁在一定程度上合乎"热飞轮"效应——这就减少了建筑物对于能源的依赖。到了20世纪后期，基于对环境保护的考虑，石质建筑材料再次获得人们的青睐。由于这种被动式设计具有实用性和表现方式上的潜能，这种墙壁的设计几乎成为21世纪建筑设计的主流。

古代建筑的结构元素

观念 4

柱和梁

梁柱结构的建筑体系的起源可以追溯到新石器时代的巨石牌坊结构——新石器时代的人类可谓现代结构框架的远古始创者。这种巨石牌坊结构类似于基本的门的构造，由两块巨大的垂直于地面的石块顶部支撑一块横向水平的巨石构成。

如今，我们知道巨石阵最终由五组独立的三石塔组成，周围环绕了一圈竖立的石头，这些石头通过楣石连接，从而构成统一的建筑体。

迈锡尼和埃及巨石阵墓葬遗址的发掘，引发了考古学家对于这些地区是否受到了来自古代地中海文明影响的猜测。在这些地区，以埃及使用的梁柱结构最为突出，规模也最大，典型代表就是卡纳克神庙的大柱厅。它有134根石柱，分成16排，中央2排的柱子最为高大，柱子周长达10米，高达24米。

石材在密度和张力方面的缺陷大大限制了石质横梁在使用中可以延伸的长度。而古希腊人在古典柱式的建造上，更关注其精美和细致的程度。在压缩结构方面，古罗马人善于使用拱门和穹顶，这种结构更适用于石材建筑，而在这方面古希腊落后于古罗马。然而在亚洲，人们在建造纪念性建筑物时更倾向于使用木材，因此横梁延伸的距离远远大于石材。

以中国古代建筑系统为中心，斗拱的概念几乎影响了东亚和东南亚地区的所有国家。斗拱是一种建筑结构，用来连接环环相扣的木制支架。斗拱从7世纪开始被广泛采用，在唐宋时期达到巅峰。这些支架与柱和梁相衔接，由若干切割精准的部分构成，不需要胶水和固定装置即可以稳固衔接。这种结构也具有一定的灵活性，被认为可以帮助建筑物减少地震所带来的破坏。但是在宋朝之后，斗拱在宫殿和寺庙的建筑中所起到的装饰作用则变得日益突出。

由斗拱所支持的屋顶构造或者含有大型的梁结构——通常是采用方形的粗树干，或者是由直线梁层构成的初级桁架梁。尽管古希腊人在建造神庙的屋顶时就使用了初级桁架梁结构，但只有罗马人发明的、如今我们所常见的桁架梁结构，才在真正意义上克服了

顶图：两块竖立于地面的石头支撑一块石门楣，构成典型的巨石阵牌坊结构，这也是英国南部最有名的巨石阵的构造，也堪称最古老的柱梁结构。

上图：约恩·乌松1953年所设计的米德堡寓所，他通过使用独立的元素去支撑一楼和屋顶，从而充分利用了柱梁结构元素的优势。

木材大小对于施工规模的限制，这从古罗马人在图密善（81—96年在位）大帝统治时期所建造的建筑物中可见一斑，例如图密善皇宫屋顶宽达31.67米。

从建筑结构角度来看，在使用钢筋混凝土后，结构框架得到进一步的发展，柱梁结构也获得长足的进步。此后，材料可以根据实际建造中力量的需求来调整形状，比如对于柱梁结构来说，绝大多数情况下结构都是从平面内中心向四周扩展，因此工字钢梁、槽钢梁和空心梁的标准逐步在19世纪末建立起来，并应用到全世界范围的建筑构造中，沿用至今。

从19世纪末期开始，包含大量柱梁的钢结构，成为美国大型建筑所偏好使用的结构形式。

入口和出口的分界

观念 5
门

在荷兰建筑师阿尔多·范·艾克的眼里，"门就是为盛大场合而设置的场所"。尽管这个表达方式很个人化，但是其传达的思想却有普遍性。门不仅有保障安全、提供私密性和抵抗温度变化的作用，而且给了人们进入和离开房间或建筑的概念。从这个角度来说，门还有着其超越功能性的象征性意义。

本页及对页图：为某些特定场合设计的场所：从高迪设计的巴塞罗那米拉之家到米歇尔·德·克勒克设计的阿姆斯特丹住宅（对页第一排的第一张和第二张图），再到圣吉米纳诺中世纪门（第三排的第一张图和本页图），它们的门的设计极其富于表现力。

过去，人们会闲庭信步，走进由门童礼貌拉开的气势宏伟的双开大门。而今，我们通常不得不用力推开那扇符合消防规定而带有阻力的自动门才能通过。从物理形态角度来看，门从古埃及时期出现到现在，其形态并没有发生显著的变化。在古埃及，人们在陵墓上绘制一扇门，表示这是死亡之后通往另外一个世界的入口，门的象征意义得到富有情感的诠释。现代最常见的形式有推拉门（有门轴并带有铰链）、滑动门和多扇折叠门，这些形式的门在古希腊和古罗马就已经被采用，即使是自动门也早在隋炀帝时期（604—618年）就开始使用，当时的御书房就安装了脚步感应的自动门。

大多数门都是木制结构。但是金属门，尤其是铜质门，则广泛应用于贵族寓所和公共建筑设施上。文艺复兴时期的意大利建筑通常都只在门框上精雕细刻做文章。但是在法国"太阳王"路易十四统治期间，以及在同时期的德国，情况则有所不同——建筑师在门上精雕细刻，并在门周围使用柱式和山形墙结构，然后将整个门柱作为一体呈现在普通的墙面上。

新材料的出现，例如夹层玻璃或钢化玻璃，给人类所熟悉的门的形式带来了变化。但是直至1888年费城塞都伯利·凡·坎尼尔申报了旋转门专利，真正意义上的新形式的门才算出现了。旋转门的出现，让人们不再为了保暖而建造两层门的大厅，同时它也克服了另外一个实际问题：在高层建筑中，向上的暖气流形成一定的阻力，从而使得推拉门比较难以打开，而旋转门则克服了这一困难。

随着国际风格转向强调空间的连续性，人们往往选择玻璃作为门的材料，或者以抽象彩色板的形式镶嵌在玻璃材质的墙面上。这样一来，门的角色往往被弱化，而不是被突出。传统上，在门的入口处设置台阶来突出平面落差的做法也逐步受到冷落——通用设计更加强调水平面的一致，便于轮椅的通行。

"二战"之后，人们重新审视现代主义建筑理念，并从中获得灵感。建筑师们再次将门作为创作的阵地。在这方面，荷兰建筑师阿尔多·范·艾克所设计的海牙罗马天主教堂体现得淋漓尽致。无论是独自前往教堂，还是与亲朋好友同行，要进入教堂参加宗教仪式的人，都需经过一扇朝内开的标准规格的单开门，将非参加仪式的人群留在后面，而这些人则可以从另一个稍微宽大的门离开。宽门设计在户外，窄门设计在距离宽门后不远处数米的距离。两扇木门之间的空间则安装着玻璃，让人有明确的步入和迈出的意识。阿尔多·范·艾克的设计可能从大型城堡和宫殿通行门的设计中吸取了灵感。但作为特定场合而设置的出入之处，则少有其他设计可与之相媲美。

建筑之眼

右图：佛罗伦萨南部阳光灿烂，光照充分，即使是很小的窗户，也能够满足圣马可区修道院内小房间对于光线的需求。

观念 6

窗

　　窗户是光线和新鲜空气的入口，更是"建筑的眼睛"，帮助我们形成"大世界"的概念。同任何其他建筑元素相比，窗户更能让建筑物富有性格和特点。

的历史源远流长，从最原始的用动物皮毛、衣物、木材或者纸张遮盖的洞，到后来古罗马人使用的压铸玻璃，再到窗户在欧洲遍布各地的哥特式建筑上得到广泛采用。在古代，由于缺乏大块玻璃，大面积的窗户由石头窗格构成框架，然后由含铅粉的彩色玻璃共同构成，光线透过玻璃在室内形成宛若天堂的感觉。

　　在文艺复兴巅峰时期的意大利和法国，窗户成为建筑物的核心构成部分。垂直长方形结构的窗户符合古典比例，通常被一个中框和横梁分开，从而形成十字交叉。窗户周围用楣梁、飞檐和山形墙，以及后来的取景壁柱加以装饰。在巴洛克时期，这些装饰性的窗户就像门和壁炉一样，被精心地弯曲，并配以精美的涡卷装饰、落地式支座、遮挡和人像等。

　　英国的阳光并不那么强烈，故文艺复兴时期建筑的表面被建造得很平坦，并带有大面积的窗户，其中最著名的代表性建筑就是罗伯特·斯迈森设计的哈德维克府邸。当时人们评价该府邸时，一种精当的说法就是"其玻璃窗户要多于墙面"——如此大面积地使用玻璃窗户，一方面是财富的象征，另一方面也体现了该建筑的风格。当17世纪玻璃被用于普通建筑的时候，英国国王威廉三世开始征收"窗户税"。这种征税行为无异于向"光线"征税，也被人们戏称为"白日打劫"。更大的推拉窗最终在英国和荷兰流行起来，在乔治王朝时期达到巅峰，法国设计师在推拉窗的发明中起到了重要作用。推拉窗具有倾斜的窗侧和精心打造的木质部件，这些都让阳光透过推拉窗在室内形成细腻的光线。

　　进入20世纪，技术的进步为玻璃和窗户框架带来了重大的发展。铝合金窗户，以及随后出现的实用但不美观的塑钢窗都非常普及。但是从建筑学角度来说，传统的窗户结构在直观地展示窗户框架结构和追求空间连续性上存在着矛盾之处。这些缺陷催

对页下图：凹陷在墙里，与墙面齐平或者作为一个庇荫处，窗户成为建筑一个主要的表现元素，同时也是提供内部光线和框定视野景观的主要途径，这从约恩·乌松设计的位于马略卡的李氏别墅就可见一斑。李氏别墅坐落在马略卡岛的一处悬崖上，窗户是用深赭石堆砌而成，以形成大海和天空完整映入房间的戏剧化效果。

生了一些创新性发明，例如帷幕墙和带形窗，后者则被勒·柯布西耶列入其著名的"新建筑五点"。

　　窗户真正现代性的另一面，则是对原始古朴风格的痴迷，即极力主张回归源头。一些影响深远的现代窗户带着回归原始古朴风格的想法，最后的呈现形式就好比回归在墙壁上凿洞的原始行为。勒·柯布西耶设计的朗香教堂南侧的窗户，貌似随意散漫的布局，实则经过了仔细研究，设计灵感来源于北非建筑。而斯格尔德·卢弗伦斯设计的瑞典克利潘的圣彼得教堂的窗户则营造出一种洞穴般的氛围：窗户仅为室内提供最少量的光线，在窗户外侧使用无框玻璃，而不是将玻璃镶嵌在窗户内侧。约恩·乌松自己的居所（对页下图）就效仿了这一做法。他的家位于马略卡岛的悬崖之上，窗框的设计采用大型石材，使得透过窗户看到的海景和天空具有戏剧化的视觉效果。

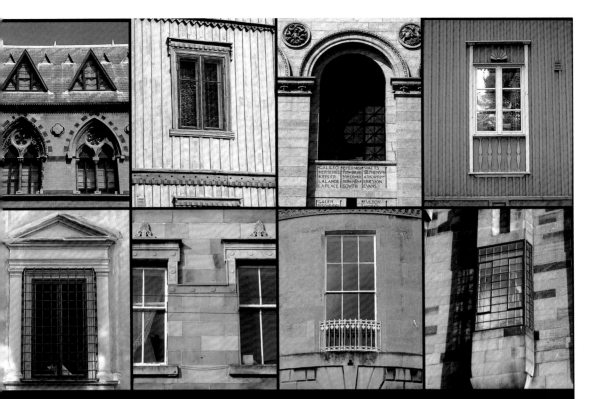

当你设计窗户的时候，想象一下你的女朋友就坐在屋里向窗外看。

建筑的基本构成模块

观念 7
砖

砖是一种廉价且轻便的建筑材料，人手即可轻易握住和搬动。最早的砖块是人类利用尼罗河、底格里斯河和幼发拉底河河滩上沉积的淤泥，手工制造成型的。

人类所知的最早的永久性居所大致可以追溯到公元前8300年，这些建筑是使用面包形状的泥砖砌成的。泥砖向上的一面带有锯齿状凹槽，便于在表面使用砂浆黏合，古代工人在砌砖时需要注意砖的朝向，而现代的砌砖工人则完全不会有如何垒砖这方面的问题。人类首批烧制的砖出现在公元前3000年的美索不达米亚流域，但是更廉价的晒干的砖使用得更加广泛。在罗马帝国时代之前，古罗马人大量使用晒制砖。

窑烧砖的出现使得砖的生产摆脱了气候条件的限制，从而使制砖工艺在罗马地区传播，并在整个欧洲有黏土沉积的区域深深扎根。制砖工艺在欧洲历史上的黑暗时代一度消亡，但是在20世纪再次复苏。中世纪早期，英国宗教建筑的兴起使得对砖的需求量大幅增加——尽管很多砖都是直接拆除罗马建筑遗迹获得，但砌砖工艺仍然得到了普及。在西班牙，随着摩尔人的入侵，伊斯兰砌砖工艺同罗马建造工艺融合，在"收复失地"运动之后得以长期保留。

现代形式的砖大约发明于12世纪中期，最早可能出现在德国北部。同罗马时期长而扁平的砖相比，现代形式的砖更短更薄。但最坚固和最具装饰性的砌砖法是荷兰试砌法（也称"十字缝砌砖法"），通过露头砖和横切砖交替铺设。这种砌砖法发明于诸如荷兰之类的低地国家，这些国家缺乏石材，因此砖成为主要的建筑材料。到了17世纪，荷兰的砖窑已经可以一次烧制60万块砖。随着19世纪机械压制砖的出现，手工制砖逐步被取代，加上随后隧道窑的出现，制砖的速度和效率得到了显著的提升。

由于砖的多功能性和耐久性，它通常被认为是石材的廉价替代品。建筑大师维特鲁威和阿尔伯蒂都对砖材盛赞有加，但是文艺复兴时期的建筑师则普遍效法罗马时期的先例，在砖墙的墙面使用石膏或者石头。因为使用石头墙面的建筑通常造价更高，因此也更加尊贵。但是无论使用石膏还是石头，最后墙面都非常平坦，符合古典主义建筑对于形式的重视。

对于许多现代主义者来说，砖是"传统"建筑的代表。直至第二次世界大战结束后，阿尔瓦·阿尔托设计的芬兰珊纳特赛罗市政厅（1949—1952年）的出现，以及勒·柯布西耶设计的朗香教堂的落成，砖才再次被认为是一种可行的现代建筑材料。在20世纪20年代，密斯·凡德罗设计建造的一些建筑也使用了砖材，其中于1923年完工且影响深远的作品"乡村砖宅"就使用砖材，被公认为体现了"建筑材料的真实性"。

詹森·克林特设计的哥本哈根格伦特维教堂（1913—1940年）充满现代表现主义风格，同时融合了乡村哥特式教堂的特点。整座教堂完全使用标准丹麦黄砖砌成，总计使用了约600万块，且任何一块砖头都没有切割，这种"真实"地忠于材料本身的建筑，成为很多丹麦建筑师学习的典范。

乌尔通灵塔（如今在伊拉克境内）建成于公元前21世纪，并在公元前6世纪重建。它是目前幸存的古代大型砖结构建筑之一，包含三层坚固的泥砖结构，外面是带有沥青的烧制砖。建筑正面靠近底层的部分以及宏伟的台阶都在萨达姆当政期间重新修建。

攀向更高层级的阶梯

观念 8

楼 梯

首个真正意义上的楼梯毫无疑问起源于木梯。这是一种直梯，至今依旧广泛存在于很多家庭建筑中。如今在多层建筑中常见的所谓"双跑平行楼梯"在罗马建筑中很普遍，但是在中世纪的欧洲却不被青睐，螺旋状的楼梯在当时更多见。

尽管如今螺旋形的楼梯比较少见，但是它的起源远比想象中古老：基督教的《旧约全书》在谈到所罗门圣殿的美妙之处时，就曾提及其"旋转式楼梯"。

在建筑师和理论家眼中，楼梯引发了令人惊异的关注。维特鲁威关心楼梯的危险性，阿尔伯蒂不仅不认为楼梯是一种建筑表达元素，甚至将楼梯视为令人生厌的事物。相反，瓦萨里和斯卡莫齐则把楼梯比作人体的静脉和动脉，帕拉第奥更是盛赞楼梯的美感，在他所著的《建筑四书》中就介绍了若干螺旋楼梯，其中就有一个设计极为壮观——它由四段独立却又环环相扣的楼梯组成。但在他自己的别墅内，楼梯的设计却比较质朴。帕拉第奥设计的楼梯无法与维尼奥拉设计的位于卡普拉罗拉的法尔内塞别墅内恢宏的螺旋楼梯相媲美，与贝尼尼设计的梵蒂冈与圣彼得教堂之间的隧道拱顶的连廊楼梯，以及米开朗琪罗设计的佛罗伦萨劳伦狄图书馆的楼梯也无法同日而语，与帕拉蒂奥较为平缓的楼梯设计形成鲜明对比的是，英国乡间别墅通常会修建宏伟的楼梯间，成为空间布局的中心。

当代建筑理念关注在发生火灾的情况下楼梯作为逃生途径的重要性，这几乎成了现代建筑的决定性因素，这种顾虑可以追溯到19世纪40年代欧洲发生的一系列严重火灾。作为对火灾最直接的反应，戈特弗里德·森佩尔设计并于1888年完工的维也纳城堡剧院，就有7个非封闭式的防火楼梯。安全问题似乎也促使建筑师们重新思考楼梯在表现上的可能性，最为壮观的莫过于查尔斯·加尼叶设计的巴黎歌剧院（1857—1874年，参见第88—89页图）的楼梯，它呈交替绕绕状，将观众送往不同的楼层，楼梯的精妙设计同舞台上的精彩演出相得益彰。类似的对于剧院内楼梯

走向的关注让我们想到勒·柯布西耶所提出的"建筑步道"理念，尽管他有可能更偏好于轻松随意的坡度，而不是通常所见到的较陡的楼梯，这一理念在弗兰克·劳埃德·赖特所设计的纽约古根海姆博物馆内的楼梯上得到了极致发挥（参见第128页图）。在此之前，赖特通常采取压缩楼梯扶手对角线的做法，因为在他看来楼梯对角线同他的水平设计很不和谐。

尽管现在电梯无处不在，但在很多公共建筑内部，楼梯依旧是建筑走向设计的核心，对于剧院和音乐厅来说更是如此。比如20世纪的两座代表性建筑，汉斯·夏隆设计的柏林爱乐音乐厅和约恩·乌松设计的悉尼歌剧院，都充分体现了楼梯在建筑设计中的重要性。在柏林爱乐音乐厅的设计中，夏隆采用了多重悬梯、楼梯平台和包厢；而在悉尼歌剧院的设计中，约恩·乌松设计的楼梯就好像从地面凿开了一条通道，将观众送往不同的楼层，这不禁让我们想起人类最早期的楼梯形式——在坡地上踩踏出的一条条道路。

大多数楼梯的设计只是为了方便人们在不同的楼层之间通行和活动。但是，德国的维尔茨堡大主教宫内浅间距的楼梯设计却创造出一种缓慢上升的视觉效果，让人能够慢下脚步注视和欣赏提也波洛绘制的屋顶壁画。

古典风格的基础

观念 9
古典柱式

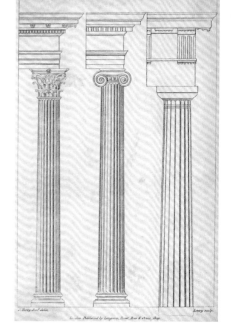

希腊传统的三种柱式，从右到左分别为：多立克柱式、爱奥尼克柱式和科林斯柱式。古罗马人增加了塔司干柱式，这可以说是一种更"简单和原始"的无槽多立克柱，加上后来出现的融合了爱奥尼克柱式和科林斯柱式而形成的混合柱式，共同构成五大经典柱式。

　　"古典柱式起源于古希腊"的说法依旧是学者们争议的话题，但它对西方建筑史的重要性却是毋庸置疑的。顾名思义，正如"柱式"一词所暗示的那样，它们的意义远远超越了某种特定类型的柱子（或者某种比例的柱子），进而包含了整个柱式结构系统，就如同古典音乐中的音调、时长和和谐音符。

古希腊人发明了三种古典柱式：多立克柱式、爱奥尼克柱式和科林斯柱式；古罗马人在古希腊古典柱式的基础上发展了新的形式——在多立克柱式的基础上发明了一种无槽的塔司干柱式，并将爱奥尼克柱式和科林斯柱式结合在一起形成混合柱式。尽管后来很多人试图创造新形式的"国家柱式"——尤其以法国最引人注目，但是古希腊人和古罗马人发明的这五种柱式还是成为古典柱式的经典表现形式，直至20世纪仍被建筑设计师广泛学习和使用。

　　希腊古典柱式的改良基于二元对立形式，如凸和凹、直和弯以及系统的三分法，将它们运用到各种不同规模的柱子上，从整体设计到细节。柱子本身也分为三部分：顶盘（即柱子顶端的部分）、柱体以及底座或柱座（即柱子的底部）。顶盘又自上而下被分为三部分：飞檐、横饰带和楣梁。多立克柱式是一个例外，它没有严格遵循三式，古希腊的多立克柱式没有底座，但是其圆形凸面同底部的20个凹槽相衔接，其细腻精致的垂直收分线彰显出古希腊柱式无法超越的美感。

　　柱式起源于用石头模仿木质结构的说法由来已久，维特鲁威探讨过的"原始小屋"理念就有很多追随者，而现也被学者们广泛接受。但是这个概念却被倡导建筑物是"建筑艺术"的建筑师大力否定，例如维奥莱·勒·迪克认为古希腊神庙是石质柱梁结构的优秀代表作。在古希腊，柱子始终被当作独立的结构元素，但是古罗马人引入了新的理念，使用附墙圆柱作为墙壁的一部分，或者将柱子变成扁平的半浮雕壁柱，也因此柱子成为建筑正面的一部分。

　　古罗马人对柱子的使用既强调了"柱式结构"，也突出柱式结构的装饰性，文艺复兴时期的建筑，以及后来的古典建筑都遵循了这一理念。尽管如此，18世纪的新古典主义者认为这种做法违背了最本真的古典主义法则，他们呼吁回归纯粹的古希腊式结构清晰的设计风格。

　　古典柱式不仅提供了一种建筑布局结构，它还给建筑物赋予了性格。维特鲁威就巧妙地将柱子的比例同人体联系起来，坚固的多立克柱式好比男人，爱奥尼克柱式则好比女人，细长的科林斯柱式则是窈窕的少女，柱子依照传统惯例进行布局，形成各自的特色，或者与建筑物的地位和用途相匹配，给人以礼貌得体的印象。性格概念来自亚里士多德的人性理论，他认为性格显露一个人的道德水准，不是我们如今所强调的个人特质，而是一种典型的有代表性的特点，因此当帕拉第奥在他自己的别墅的设计中使用古希腊神庙的正面结构的做法让很多人感到惊讶。

古罗马人开始使用柱式结构来修建墙，这个想法影响深远。图中是古罗马的斗兽场，下面三层采用了塔司干柱式、爱奥尼克柱式和科林斯柱式，而最上面的一层则采用扁平的科林斯柱式壁柱。

哥特式设计为砌体结构的建筑提供了充足的光线。

哥特式建筑采用尖拱和拱顶的设计，使得设计师可以调整建筑宽和高的比例。图中是早期修建的形式纯粹的亚眠大教堂，体现出哥特式设计为砌体结构建筑提供的更多可能。

圆顶和拱顶的基本构成单位

观念 10

拱

拱在一些古代文明中早已被建筑工人所熟知，但由于一些尚不为人知的原因，拱的使用局限于实用性的或地下的结构，诸如仓库或下水道。只有在哥特式建筑盛行的时期，它的应用才达到巅峰，但是在现代建筑中并不常见。

拱使得空间得以延伸，也更便于在砖石结构的墙壁上开孔。原则上来说，拱属于一种纯压缩结构，因此尤其适用于压缩力高但张力差的砖石类建材。尽管如此，拱还是会在底部产生向外的推力，因此需要反作用力来维持其稳固性。

古罗马人率先探索拱在建筑领域的潜能。伴随着罗马帝国的扩张，罗马也成为首个人口过100万的城邦，修建了许多宏伟的桥梁、高架渠和高架桥，拱就构成了这些建筑的基座。拱形开孔层层排列在某些建筑上，例如古罗马斗兽场（参见第25页图），以及用来庆祝军事胜利的凯旋门。拱如果被拉伸就形成拱顶，被旋转则形成圆屋顶。

尽管拱支撑了很多大型建筑，但是古罗马人使用的半圆形拱，以及后来兴起的欧洲第一批罗马式教堂和修道院的拱，都有两个严重的缺陷：首先它会产生巨大的向外的推力，其次它作为拱顶的基础，仅能被用作建成方形交叉拱顶。随着哥特式尖肋拱顶的出现，这些问题就迎刃而解了，这种拱顶有效减少了向外的推力，同时其高度和跨度不再受限制，使得拱顶平面可以建成矩形。哥特式建筑不再需要厚重的石材，为了解决遗留的向外的推力问题，石匠们发明了飞扶壁来分担主墙压力。

拱最稳固的形式即抛物线和悬链曲线。这两种形式的拱成为安东尼·高迪所采用的加泰罗尼亚拱顶体系的基础，高迪曾戏谑地把飞扶壁称为"建筑的拐杖"。委内瑞拉建筑工程师埃拉迪奥·迪亚斯特后来也大量使用了这两种形式的拱。

拱在现代建筑中并不常见，首先是因为现代建筑材料，例如钢铁和钢筋混凝土，在压缩强度和张力两方面都足够强大；其次是因为造拱所需要找的临时中心点的成本较高，而且拱看起来缺

古罗马广场最大的建筑马克森提乌斯廊柱大殿（顶图）采用了大量半圆形侧拱，如果仅仅使用一个主拱顶，那么将会让整个建筑显得矮小。路易斯·康深受这种"罗马式宏伟"的影响，对他在印度和孟加拉国设计的砖结构建筑进行了创新，将半圆形完整地设计成一个圆形的开口（上图）。

乏现代感。尽管如此，路易斯·康仍采用薄钢筋混凝土构造来抵抗拱向外的推力，他在印度和孟加拉国所设计建造的砖体建筑中，拱似乎得到了一种纪念性的回归，他还设计出一种新型的、上下颠倒的拱，用来抵抗地震所产生的向上的推力。

空间的跨度

观念 11
拱　顶

拱顶最简单的构造形式就是通过拉伸或者旋转半圆形的拱，前者得到的是筒形拱顶，后者得到的是圆屋顶。就好比砖石建筑的拱，纯筒形拱顶在建造的过程中需要木质结构来做中心支撑。

拱顶的使用最早出现在公元前1250年古埃及底比斯王国建造的谷物仓中，人们采用了一种巧妙的方式建造出椭圆形的结构，这种独特的建造方式不需要其他临时构造。类似的构造在约550年建造的泰西封大殿宏伟的悬链曲线拱顶中出现，该拱顶使用砖和黏土、瓦和砂浆混合建成（对页图）。

拱顶结构的首次重大创新就是交叉拱顶的出现，这类拱顶由两个直径一样的半圆形拱顶交叉形成，其交叉线为椭圆形。尽管还是需要考虑到向外的推力对墙壁的作用力，但拱顶的重量不是依靠墙壁来承担，而是已经被转移到四根支柱上。交叉拱顶在古罗马时期被广泛采用。利用尖拱在几何构造上的自由度，哥特式时期的建筑石匠在尖肋拱顶的基础上充分创新，既采用罗马式的四组分离式拱肋，也使用六分肋拱结构，后者可以调和中殿和通道开间不一致的情况。伴随着装饰性肋拱的大量出现，交叉拱顶的广泛使用造就了一系列视觉上纷繁复杂的建筑物，但是只有英式扇形拱顶的出现才真正代表了建筑结构上的进步。扇形拱顶的力量来自其双曲面，而不是依靠肋拱来分散力量，双曲面的设计也预示着现代建筑体系的来临。

在传统拱顶中，最突出的就是加泰罗尼亚的砖拱顶，它采用轻薄的耐火黏土砖片互相重叠而成。原则上来说，它也属于古代拱顶，但其潜能在19世纪后期被拉斐尔·古斯塔维诺运用图形方式在静力分析过程中得到根本性的放大。拉斐尔·古斯塔维诺的理念被西班牙建筑师安东尼·高迪和委内瑞拉工程师埃拉迪奥·迪亚斯特所认同。迪亚斯特敏锐地意识到沿着张力传输的方向来排列结构元素，既经济又美观，于是设计并建造出跨度达54米的压缩拱顶，即圆筒形外壳沿着曲线压缩，在纵向上起到了横

林肯大教堂因为其尝试性的拱顶而闻名，就类似于图中所见到的圣丹尼斯教堂的拱顶。该拱顶称为"疯狂的拱顶"，以其不对称的、经典的六分肋拱顶享誉法国。

梁的作用，有效抵抗地心引力。

拱顶结构的主要发展来自薄壳和网壳结构体系的改良。薄壳和网壳结构改良的先驱人物是俄国的弗拉基米尔·格里戈里耶维奇-舒霍夫（1853—1939年），他于1896年设计了俄国博览会展馆，其展馆采用了8层薄壳结构，占地面积27000平方米。西班牙建筑工程师费利克斯·坎德拉（1910—1997年）将这种结构发挥到了极致，他于1939年移民墨西哥，并在墨西哥国立自治大学附近设计建造了"宇宙射线试验馆"，加固的钢筋混凝土屋顶的厚度在1.6—5厘米。1953—1955年期间，费利克斯·坎德拉在墨西哥城设计建造了圣女大教堂，该教堂弯曲的钢筋混凝土屋顶厚度仅3.8厘米。

图为令人叹为观止的跨度达26 米的泰西封拱门的石质拱顶，该拱顶属于泰西封宫殿建筑群的一部分，如今位于伊拉克境内，是迄今为止还幸存的古代最大的拱顶。

建筑物"皇冠"的原型

观念 12

圆屋顶

> 圆屋顶是一种最古老且最普遍的建筑构成形式。与所有半圆形拱一样，所有的圆屋顶都会产生向外的推力。

已知最早的圆顶房屋是用猛犸的长牙和骨骼制成的，发现于乌克兰境内，可以追溯到2万年前。真正意义上的泥砖结构的圆屋顶出现在公元前6000年的美索不达米亚地区。然而，圆屋顶在建筑史上的起源始于古罗马人建造的石质、砖质和混凝土材质的圆屋顶。建于2世纪的万神庙就是以混凝土为材料建造的。与半圆形拱一样，所有的圆屋顶都产生向外的推力：罗马万神殿（对页图）的圆屋顶所产生的推力由6米厚的砖墙来反作用，而圣彼得大教堂的设计中已经能够看到空间的延伸，它的圆屋顶由沉重的钢链结构支撑。

东罗马帝国的宗教建筑也常使用圆屋顶，多位于巴西利卡教堂的方形区域之上。起初圆屋顶和方形的衔接显得有些笨拙，后来这个问题通过使用叠涩拱或突角拱得到了解决，但最终在最著名的拜占庭圣索菲亚大教堂（532—537年，现在是伊斯坦布尔的清真寺）的修建中，采用了四个切点的相切穹顶，即通常所称的"帆拱"，填充了圆顶边缘和支撑结构之间的空间，使得圆顶与方形平面的承接过渡在形式上变得和谐而优雅。

拜占庭建筑同时也引入了圆柱形鼓座，在帆拱和圆顶之间设计了窗户。两种建筑形式都在文艺复兴时期的建筑中被广泛效仿，拜占庭建筑形式对伊斯兰教清真寺采用的圆屋顶设计产生了积极的影响，耶路撒冷的圆顶清真寺就是幸存下来的最早的代表性建筑。

从空间的角度来说，圆屋顶设计形成的集中的圆形空间，同基督教礼拜仪式所要求的西侧向圣殿的轴式渐进形式之间不协调。在为这个困境寻求解决途径的过程中，椭圆形屋顶诞生，后来发展成为巴洛克建筑的核心观念。首个采用椭圆形屋顶的建筑就是维尼奥拉设计的位于罗马弗拉米尼亚大街的圣安德烈大教堂，这种建筑形式被贝尼尼和博罗米尼发挥到了极致。

到了20世纪，由于新型建筑材料钢筋混凝土和钢材的使用，圆屋顶的构造也随之发生了改变。在众多使用圆屋顶设计的设计师中，意大利著名建筑师皮埃尔·路易吉·奈尔维（1891—1979年）开创性地使用了预应力钢筋混凝土结构的薄"蛋壳"状圆屋顶——网格圆顶，一种球形或部分球形的壳状结构，或者是很多环状结构构成的网格，它的出现为圆屋顶提供了前所未有的轻巧设计。

第一次世界大战之后，网格圆顶在德国被率先采用，但人们通常把这一设计同巴克敏斯特·富勒（1895—1983年）联系起来，因为他在美国获得了这方面结构原理的专利，并热衷于运用该专利尽可能少地使用建筑材料来构建空间结构。由于富勒在20世纪60年代末期的"美国文化"思潮中的狂热表现，网格圆顶在临时建筑的搭建中受到欢迎，他甚至还出版了两本"圆顶书"。讽刺的是，网格圆顶还被军方用作可以实现空气升降的临时住所。网格圆顶主要有两方面的问题，第一就是规模很小，因此门的设计显得很别扭，这几乎是非常致命的缺陷；第二是网格圆顶不能防水。我们极偶尔也能看到规模大一些的网格圆顶，其中最引人注目的无疑是富勒设计的举办1967年蒙特利尔世博会的美国馆（顶图）。

对页上图：建筑设计师皮埃尔·路易吉·奈尔维设计的举办 1960 年罗马奥运会的体育中心，采用了带肋混凝土圆顶，从体育馆里面看，就好像整个屋顶漂浮在一圈光线之上。

在建筑史上，圆形屋顶起源于古罗马人建造的房屋。

罗马万神殿重建于 2 世纪的哈德良大帝统治时期，它是当时混凝土建筑的一项力作，圆屋顶跨度 43.4 米，直至 1469 年才被布鲁内莱斯基设计的佛罗伦萨教堂圆屋顶的跨度所超越。

布鲁塞尔的圣胡博购物商场，是欧洲兴建的第二个带有屋顶的拱廊，紧随伦敦的伯林顿府拱廊之后。这是一家各种高级时尚品牌云集的购物中心，同时还有在北方城市少有的令人惬意的室外咖啡馆。

富有节奏的拱形走道

观念 13

拱　廊

从建筑角度来看, 拱廊具有三个独特却又彼此关联的元素: 由圆柱或桥墩支撑的一系列拱门; 拱门和拱门之间有一段通道; 带屋顶 (通常是彩釉的屋顶) 的人行道可以通向各个商店。从结构上来说, 历史上保留下来的罗马高架渠的窄桥墩就已经向世人证明, 拱廊是一种特别高效的设计, 因为连续拱门产生的向外的张力彼此互相挤压, 从而不需要扶壁来支撑。

古罗马人也使用拱廊来修建大型的墙, 最典型的就是古罗马斗兽场 (参见第25页图), 它的每一层都通过拱廊开口连接, 拱门则由圆柱和柱座构成, 整个结构最后采用了厚重的实墙来维持其稳定性。后来拱廊依靠柱式结构的设计被广泛用于罗马式、哥特式和文艺复兴时期的建筑中, 哥特式建筑也使用没有开口的闭合式拱廊来起到装饰作用, 美化墙壁和构成雕塑的壁龛。

拱廊就好比带有屋顶的走廊, 其历史可以追溯到古罗马时代。中世纪的修道院通常都是有拱廊的, 清真寺僻静的庭院也通常设计了拱廊。意大利文艺复兴时期的城市, 例如博洛尼亚 (顶图), 就广泛采用了拱廊的设计。城市里有着大量拱廊连接起来的商店和各式建筑, 但是直至19世纪, 我们通常所说的釉面拱廊才开始出现。最先使用釉面拱廊的是卡文迪许勋爵, 他继承了伦敦的伯林顿府 (现在是英国皇家艺术学院的所在地), 决定修建一段带有屋顶的通道将皮卡迪利街翼楼和伯林顿府的花园连接起来, 然后用来 "销售珠宝和各种奢华的时尚物件"。伯林顿府拱廊于1819年正式对外开放, 它由两层构成, 总计72个独立的小单元, 分布于一条笔直的、顶部提供照明设施的拱廊沿线。

伯林顿府拱廊的首个效仿者是1847年开业的布鲁塞尔的圣胡博购物商场, 它总长213米, 其开业时的口号就是 "一切为大家", 展示在其宫殿般的建筑正面。整个拱廊的采光非常好, 各种高级时尚品牌云集, 营造出奢侈的氛围。

作为都市构成元素, 拱廊通常被用作一种盈利的手段, 用来开发一块被夹在城市建筑之间而被忽视的土地, 或者是用来连接一些主要的目的地, 非常像现代购物中心两端的 "磁力" 商店。

最壮观的拱廊要数埃玛努埃尔二世拱廊 (1861—1877年), 它连接着米兰大教堂和史卡拉歌剧院。作为现代购物拱廊的先驱, 人们将其命名为 "商业街拱廊", 后来很多拱廊也沿用这一命名, 但从建筑角度来说, 拱廊看起来不太像购物中心。

拿破仑三世时期 (1852—1870年), 奥斯曼男爵在拿破仑的委托下开始了巴黎的改造计划, 作为计划的一部分, 巴黎修建了大量的拱廊。奥斯曼的城市改造孕育了巴黎后来的街景和城区生活, 被认为首次彰显了现代化的都市生活方式, 尤其是诗人查尔斯·波德莱尔所痴迷的 "闲逛者", 就是指那些游走在现代化城市各个角落, 随性体验和观察城市生活的人。拱廊成为德国评论家瓦尔特·本雅明 (1892—1940年) 未能完成的《拱廊计划》一书的中心。本雅明着迷于熙熙攘攘的拱廊里 "商品化的东西", 在他的眼里, 拱廊将街道和历史时间碎片相融合, 形成了昙花一现的意象和万花筒般令人眼花缭乱的都市生活碎片。

仿照中世纪修道院的回廊设计，牛津大学的各个学院以庭院的形式连接在一起，当地人把这种建筑形式叫作"四方院"。

围绕私人户外空间安排房间

观念 14

庭　院

据考古发现，很多知名的人类早期建筑都在房间的正中央留有生火的地方，并在屋顶留有一个可以排烟的孔洞。这似乎催生了建筑中一种持久空间类型的诞生：将生火的地方置于户外，然后围绕火源设计一圈房间，庭院就此诞生了。

就目前所知，庭院最早出现在公元前3000年的中国和伊朗。在古罗马，庭院被称为"天井"或"中庭"，现在这个建筑名词通常用来指玻璃覆盖下的室内空间，房屋只有一层，沿街一侧带有无窗的露台。天井作为主要的光线和通风来源，中央往往设计有水池，如此一来，也就有了活动的水。规模大一些的房子还会有柱廊环绕的花园，使其形成第二个庭院，成为中世纪修道院回廊和意大利文艺复兴时期内院（又称为"拱廊庭院"）的模型。

带庭院的房子在伊斯兰建筑中非常普遍，典型做法就是将庭院设计成封闭式的平顶建筑的地面的延伸，两侧由空白墙壁夹出一条狭窄的道路从室内通往庭院。在中国，古代一些主要的城市的建筑几乎完全由带庭院的房子组成，例如北京。事实上，中国以庭院为中心的建筑群中，不同的房间是为了同一个家族中不同家庭成员的需求和使用而建造的，富有的大户人家通常都会有多个庭院来保护主人的隐私。

由于庭院都是在自然之中封闭起来的部分，具有一种天然的保护性，因此它的形式同第一代现代建筑师所倡导的流动的、离心

的空间概念形成对立。但是，密斯·凡德罗却对庭院式空间情有独钟，在他设计的巴塞罗那国际博览会德国馆（参见第124—125页图）就采用了庭院式空间的设计，后来他设计的一系列概念性建筑中，房间都是沿着封闭的砖墙形成的庭院而建。

1945年之后，一方面出于对古代建筑或遥远的异域文化的兴趣，另一方面出于对现代化城市的喧嚣的应对措施，庭院结构的建筑再次受到欢迎。在芬兰，阿尔瓦·阿尔托设计的珊纳特赛罗市政厅成为极有影响力的代表，它融合了意大利城市建筑的模式和传统乡村庭院的特点；丹麦建筑设计师约恩·乌松在瑞典斯科讷省举办的建筑设计比赛中提出在当地建设庭院结构的建筑，后来他的设计成就了极具影响力的金戈住宅区（1956—1958年）和弗雷登斯堡住宅区（1959—1962年）；坎迪利斯·约西齐·伍兹建筑事务所设计的柏林自由大学（参见第55页顶图）则是人们常常讨论到的"毯式建筑"，使校园建筑围绕一连串的格状庭院和校园内的街道铺陈开来。

1964年，随着塞吉·希玛耶夫和克里斯托弗·亚历山大合著的《社区和隐私》一书的出版，庭院作为一种建筑的模型得到了进一步的理论支持，这种空间形式再次回归建筑领域。倡导在建筑中设计多个小型庭院来作为家庭成员保持个人隐私空间的一种方式，同时让居住在里面的人通过庭院获得大自然治愈的力量，这种建筑形式被认为是对现代城市动荡和多样性的一种极端的反应。

庭院天然就具有封闭性和保护性。

不带屋顶、有拱廊的庭院，或者说内院，是文艺复兴时期兴建的很多宫殿的特色，正如图中所展示的佛罗伦萨美第奇宫。

建筑内部的户外空间

观念 15
中　庭

在很多古罗马的建筑中，开放式的中庭成为房屋的焦点，这从古罗马幸存下来的为数不多的建筑中可以看到，例如图中所示的位于庞贝古城的银婚大宅。

"中庭"一词来源于拉丁语，指罗马建筑中央开放的庭院，中庭现在通常被用来指建筑中央带有玻璃屋顶的空间。19世纪玻璃工艺的发展，使得玻璃天井的出现成为可能，而且这种建筑形式在新式建筑中颇为流行，诸如百货大楼。

例如，巴黎的波马舍就是首个带有玻璃天井的百货大楼，它于1867年进驻由路易-奥古斯特·布瓦洛（1812—1896年）和他的儿子路易·查尔斯（1837—1910年）设计的建筑群，该建筑群就是围绕一系列的玻璃天井而设计的；巴黎著名的老佛爷百货在1912年修建了广受赞誉的新艺术风格的镂金玻璃穹顶。

中庭作为带有屋顶的户外空间，在北欧起源于建筑师古纳尔·阿斯普朗德和阿尔瓦·阿尔托的尝试和探索。例如，阿斯普朗德的哥德堡法院扩建方案中，就设计了带有透明玻璃顶的中庭，通过玻璃墙与原有旧建筑的露天庭院相连，创造出一种"身处室内，犹在室外"的感觉。阿尔托设计了芬兰赫尔辛基拉塔塔罗商业大楼（1953—1955年）。人们通过钙华贴面的走廊进出，走廊两侧环绕出一块类似于室内广场的空间，圆形的天窗下面放置着咖啡桌，天窗采用户外人工照明，以延长室内日照的感觉。

中庭在当代建筑中可谓无处不在，主要有两个因素催生了这种现象的出现。其一就是受亚特兰大君悦酒店的影响，该酒店出自建筑设计师和开发商约翰·波特曼之手，最终落成于1967年。其二是来自被动式设计日渐重要的影响力。亚特兰大君悦酒店高达20层楼的中庭拔地而起，在安装了波特曼标志性的玻璃"泡泡"升降电梯之后，成为世界各地酒店设计的典范，并随着世界最高的中庭——迪拜帆船酒店（1994—1999年）——的落成而达到了巅峰。同样类似的高层中庭在办公楼里也有所体现，例如福斯特建筑事务所设计的香港汇丰银行总部（1979—1986年，参见第92页图），以及理查德·罗杰斯设计的伦敦劳埃德大厦（1979—1986年，参见第167页图）。

尽管很多中庭都带有空调，修建中庭的目的也是为了吸引住户或者租户，但在办公楼的设计中，中庭所具备的低耗能方面的潜质在1983年落成的英国盖特威二号大楼中得到了明确的体现。该大楼由奥雅纳建筑事务所设计，并确立了后来很多办公室设计广泛遵循的原则：采用固定遮阳设计，放置于建筑物外围吸收太阳的热量；暴露内部结构，起到"热飞轮"的功效，即白天吸热夜晚散热；在中央的玻璃中庭外侧装上玻璃外墙，提供足够的日照，夏天可以不用人工照明，并利用"烟囱效应"将不断上升的热空气排出，同时从周边吸入新鲜空气。这种设计节省了大量资本和运营成本，盖特威二号大楼的设计也因此成为温带气候办公大楼设计的典范。

　　拉斐尔·维诺里设计的东京国际会议中心采用大型玻璃屋顶的中庭，具有很多环境和能源方面的优势，这类设计在20世纪80年代之后经常出现于办公楼、酒店和其他建筑中。

将建筑从它们所在的环境中凸显出来，这样建筑就被赋予了一定的象征意义。

上图：斯诺赫塔建筑事务所设计的奥斯陆歌剧院于2008年完工落成，采用了一个斜坡式的平台设计，将剧院的次要空间置于平台之下，而平台之上创造出公共空间。

右图：哈特谢普苏特女王崖壁陵墓靠近埃及国王谷的入口处，需要通过一系列逐渐升高的平台才能靠近，这些平台最初被设计成"悬浮"的空中花园。

被抬高的建筑

观念 16
平 台

广阔的平台是约恩·乌松提出的悉尼歌剧院（1957—1973年）设计方案的基础，这一灵感来源于他1949年参观墨西哥尤卡坦半岛的玛雅遗址时引发的思考。

将建筑修建在抬高的平台上的做法在古代和部落文化中非常常见，基于各种不同的动机，这种做法得到了推广。在现代建筑中，平台通常被用来承载次要的空间或者功能。

在现实中，首先泥质平台经常被作为建筑防护系统的一部分，也起到将建筑物抬高的作用，尤其对于那些容易损毁的木质建筑，利用平台将其抬高之后，可以让其免受潮湿和洪水的侵蚀。其次，当建筑被从周围的环境中抬高之后，它就被赋予了重要的象征性意义，因此我们会看到寺庙和太平间通常都被抬高。最后，最常见的是四方形的土墩平台，这也符合古代人们心目中天圆地方的假设，四方形的平台代表了当时人想象中四方的地球。

泥质平台后来都通过石头来加固，让其更具持久性。在古埃及，底比斯的哈特谢普苏特女王墓葬群的一部分（对页下图）位于一些最宏伟的平台之上，神庙的柱廊结构也建于大型的平台之上。在传统的希腊建筑中，平台的高度被设计得相对较低，通常为三层石阶的高度，用以作为柱子的基座；在中国的寺庙建筑群中，往往会使用大型的石材平台来承载木质结构的建筑；在玛雅文明的一些主要建筑中，同巨型的阶梯式平台比起来，建造在平台上的庙宇本身都显得有些渺小。

1949年，年轻的丹麦籍建筑设计师约恩·乌松造访了墨西哥尤卡坦半岛上的玛雅建筑遗址，接触到了这些巨型的平台式结构。玛雅人使用平台结构，让建筑突破幽闭的树丛拔地而起，延伸至树木上方无限的空间。这种戏剧化的过渡给约恩·乌松留下了深刻的印象，促使他开始思考在当代建筑中采用类似的设计，即将功能性建筑修建在空地平台上，人类活动就在平台上的"庙宇"中进行。从本质上来说，这其实是后来路易斯·康所提出的"服务空间和使用空间"概念的大规模版本。1957年约恩·乌松采用这种设计理念，赢得了悉尼歌剧院设计比赛。歌剧院的外壳由闪闪发亮的釉瓷覆盖，而巨大的平台结构成为独特的地质特征，后来迅速成为广受大众欢迎的公共空间。剧院同悉尼湾的海角相呼应，采用了分体设计，最后在各个部分覆盖上掺杂了当地红砂为原料的混凝土预制板。

平台结构具有强大的承载和连接建筑群的功能，但居住型平台结构却并没有得到更广泛的采用。2005年由理查德·罗杰斯建筑事务所设计建成的威尔士国民议会大厦则小规模地呼应了平台构造；外事建筑事务所设计的横滨大栈桥国际客运码头（1995—2002年，参见第184页图）就采用了居住型平台，平台上没有上层结构；斯诺赫塔建筑事务所设计的奥斯陆歌剧院（2000—2008年，参见对页上图）融合了约恩·乌松的模型和雷姆·库哈斯所提出的"建筑步道"的理念。

更宽泛地来看，尽管如此，平台仍可以被当作"质朴的地板"或者"乡村的地面"的一种形式。在许多古典建筑中，平台用来承载修建在其上面的建筑物和功能性房间，成为建筑物地板正式的和功能的基础。这种构造在勒·柯布西耶所著的《新建筑五点》中得到了呼应，在他的著作中，大型坚固的"质朴的地板"被开放空间所取代，用来引导人流和车流。

万能的巴西利卡

观念 17

巴西利卡

奥托·瓦格纳设计的维也纳邮政储蓄银行于1902年完工，当时是整个欧洲最现代化的建筑之一，但是在设计银行的中央大厅时，瓦格纳采用了古代建筑的形式，使用了带有走道的巴西利卡。

　　在整个罗马帝国时期，巴西利卡是众所周知的建筑形式，它既可以是政治权力的中心，也可以是公众集会的场所，类似于中世纪的集市大厅，可以作为法庭、军事训练场所或者集会场所。它后来成为基督教教堂的原型，以及欧洲建筑卓尔不群的建筑类型。

公元313年，在皈依基督教不久之后，罗马帝国皇帝君士坦丁一世颁布了米兰敕令，要求在罗马境内大规模修建基督教礼拜仪式的场所。而此前，基督教徒通常都是秘密地在私人住宅的会议室举行集会，所以当时并没有专门为基督教而修建的教堂。直接改造罗马神庙显然是不可能的，罗马神庙毕竟是异教的祭祀场所。除了这个显而易见的困谁之外，基督教的礼拜场所要求更大的空间容纳更多的人，而不仅仅是作为户外仪式的宏伟背景。人们最后决定采用一种常见的罗马建筑形式作为新教堂的基础，这就是巴西利卡。

　　从空间上来看，巴西利卡由一个中央大厅和两侧狭窄的过道组成，过道的高度通常低于教堂的中殿，窗户就安装在中殿和过道之间，形成所谓的高侧窗；大多数教堂还有一个半圆形凸出的建筑部分，从墙的某一段延伸出来，成为法庭的空间。基督教教堂采用这种安排和设计理由是非常充分的：半圆形的后殿成为圣坛，仪式的主持人员从地方法官变为神职人员，参加仪式的信徒则可以从位于圣坛反方向一侧的入口进入教堂（最理想的是西侧）。

　　在中世纪教堂建筑的发展过程中，具有决定性影响力的是老圣彼得教堂的修建。最初的教堂在一场大火中被焚毁，重建之后的教堂就是我们今天所看到的圣彼得大教堂。老圣彼得大教堂的规模有歌特式教堂那么大，据说是修建在罗马第一任主教圣彼得的陵墓之上。为了将人们的注意力集中到陵墓上，特地修建了横贯教堂中殿的十字翼。这个十字翼位于半圆形的教堂后殿的正前方，而圣彼得的陵墓就位于十字交叉处的下方。为了给教堂唱诗班留出空间，

十字翼朝西向移动了几个隔间，这样就形成了拉丁十字平面的基础，后来被广泛运用于中世纪和以后的教堂中，认为拉丁十字与基督十字架一致，这种说法最早是在380年由圣格雷戈里·纳齐安在描述君士坦丁堡的圣徒教堂时首次提到的。老圣彼得教堂的特点还包括双过道和两座圆形陵墓，这种设计形式被沿用，成为教堂和修道院神职人员聚会的场所。

　　作为欧洲优秀建筑的模型，巴西利卡的重要性不可低估。中殿、过道和高侧窗之间的基本空间配置在不同的建筑中得到新的诠释。例如，巴西利卡成为很多大型玻璃建筑的基础，包括约瑟夫·帕克斯顿设计的水晶宫。巴西利卡也被用于很多图书馆的设计中，其中最引人注目的就是拉布鲁斯特设计的位于巴黎的法国国家图书馆的阅读大厅。而且在一些杰出的世俗建筑中，也可以看到巴西利卡的影子，例如亨德里克·佩特吕斯·贝拉赫设计的阿姆斯特丹证券交易所（参见第109页顶图），以及奥托·瓦格纳设计的维也纳邮政储蓄银行（参见上图）。

欧洲卓越建筑的典范。

作为古罗马人发明的一种世俗
用途的建筑形式，巴西利卡是很多
早期基督教教堂的典型形式，例如
图中位于意大利拉韦纳的圣阿波利
纳雷教堂。

由布拉曼特设计的这个圆形殉
道堂建在圣彼得教堂一个狭窄的中
庭，这个教堂是蒙托里奥在罗马建
造的，该建筑既表现出文艺复兴时
期对人文主义精神的崇敬，同时也
展现了理想的几何形式。

可实现的艺术作品，符合人与万物的基本法则。

人类是万物的尺度

观念 18

人文主义

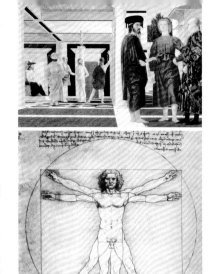

到了15世纪中期，"人文主义"一词具有了双重含义：一方面泛指以研究古典作家为基础的"人文研究"，另一方面指一种全新的世界观。在建筑领域，人文主义促使建筑根据人体的比例来进行设计和建造，同时也促成了对于古希腊和古罗马时期的古典形式的新品位。

意大利文艺复兴的核心观点就是认为人类智慧和文明成就的巅峰出现在古典时期的希腊和罗马，那个时期的知识伴随着15世纪日耳曼入侵和后来罗马帝国的灭亡而大量消失。幸运的是，很多重要的文献，包括柏拉图的作品，在修道院中得以保存。随着古希腊文化被传入意大利，发掘和翻译这些古典时代的作品成为学者们集中关注的焦点。对于建筑领域来说，最重要的发现就包括维特鲁威所著的《建筑十书》。

文艺复兴时期人文主义的核心理念就是个体的价值，其中最有名的就是皮科·德拉·米兰多拉在他开创性的文章《论人的尊严》中所进行的阐述。他指出人类不同于其他的生物，人类在被创造出来的时候，并没有被先天地设定在"万物的序列之中"，人类可以自由地选择"堕入底层生活"或者是"进入更高的层次"，也就是所谓"神的层次"。他还指出，伟大的造物主创造了人类，并且让人类思考他的杰作，"去热爱这世界上的美好，去惊异于它的浩瀚"。在中世纪人的观念里，建筑依旧被视为更高阶层的神性的一种体现，文艺复兴时期的古典主义让人成为"万物的尺度"。

1860年瑞士艺术史学家雅各布·布克哈特（1818—1897年）出版了《意大利文艺复兴时期的文化》，该书奠定了现代人对于文艺复兴的理解。布克哈特在书中强调了文艺复兴时期人们对于个体的狂热崇拜，这种狂热影响了我们对于艺术"天才"的看法和对于人的主体性的重视（现在有很多人认为他的观点有点过于偏激）。他在书中写道："人成为有自我意识的个体，并且人类对自己的认知也是这样。"这种全新的个体意识在意大利那些大小城邦的残暴统治者身上得到了典型的体现，他们试图通过征服或者赞助艺术，或者两种方式并用来留下自己的痕迹。作为这种主观性的补充，布克哈特还指出，"对世界的状态和万物持有一种客观的认知和对待"，这种思维也在文艺复兴时期的意大利开始觉醒。

在建筑领域，这种全新的客观性体现在对"抽象形式"和"比例"的重视上，建筑界相信通过抽象形式和比例，艺术品可以符合人和宇宙的基本原则，同时主观性可以通过透视来实现。起初，透视投影技巧被视为精确呈现所谓客观理想比例的一种途径，但是人们很快意识到两者之间是矛盾的。这开启了矫饰主义对于扭曲和变形的迷恋，最终也影响到现代主义者倡导的多重观点的主观性，以及后现代主义拒绝承认一切客观知识存在的可能，这无论是在科学领域，还是艺术领域都有所体现。

顶图：皮耶罗·德拉·弗朗西斯卡的绘画作品《基督受鞭笞》（1455—1460年）既巧妙地体现了如何利用全新的透视法构建画面空间，也体现了人文主义者对于人类个体性的关怀。

上图：达·芬奇的作品《维特鲁威人》，展示了维特鲁威在他的建筑学论著《建筑十书》的第三书中所描述的"完美的"男人的身体比例。他指出，这种比例也是古典柱式比例的基础。

和谐的基础

观念 19

比　例

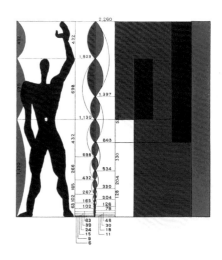

"如果没有了对称和比例，任何庙宇的设计也就失去了原则；就好比一位体形完美的男人，其身体组成部分之间丧失了恰如其分的关系。"维特鲁威在他的《建筑十书》中这样写道，并且重申了这个理念的重要性。比例的理念起源于古希腊哲学中毕达哥拉斯学派对数学和数字神秘主义的传统，但其源头可以追溯到美索不达米亚和古埃及，在当时尺寸是来自人体的对称和比例。

勒·柯布西耶终其一生痴迷于比例，并认为比例是建筑之美的关键，他以黄金比例为基础创造出了一种新模度，在其1948年出版的《模度》一书中就对此进行了阐述，可以说他对比例的痴迷已达到了巅峰。

毕达哥拉斯发现了音乐的音阶，从而成为刺激比例系统发展的最主要因素。音阶的和谐关系，例如八音度（1:2）、五音度（3:2）和四音度（4:3），在毕达哥拉斯和他最伟大的追随者柏拉图的眼里都是自然"和谐"的证明，也是在艺术作品中达到类似特质的一种途径。尽管如此，希腊神殿的设计并没有采用这种比例，而是以圆柱底部基座的直径为参数，在这个数值基础上做乘法和除法，然后来决定神殿的尺寸。

哥特式大教堂所采用的比例系统，即所谓的"神圣几何"，迄今为止仍有争议，所采用的比例部分可能是源自圣经中所描述的所罗门神殿的尺寸比例。毕达哥拉斯和柏拉图的观念起到了一定的作用，但直到文艺复兴时期才得以公开复兴。正如莱昂·巴蒂斯塔·阿尔伯蒂在他的《论建筑》一书中所写的那样，"我们关于比例的所有的规则都是向'音乐家'借用的"，而这却是再自然不过的事情。

在阿尔伯蒂出版《论建筑》之后的一个世纪，帕拉第奥在他的《建筑四书》中详细说明了房间设计的七种比例，其中六种是以全音阶为基础，唯一的例外就是正方形和它的对角线，虽然这个比例极其简单，甚至一支圆规就能画出，但它会产生一个无理数1.41414……很多人觉得这个数字比较麻烦。其实所有比例中最受欢迎的"黄金比例"，也会产生类似的无理数。将一条线分成两段，较短一段与较长一段之间的比例等于较长的一段与线条总长之间的比例，结果会产生1:1.618……这样一个比例，被称作"黄金比例"，后被用作勒·柯布西耶模度的基础，该模度旨

在尝试用几何系统而非模数关系来规范建筑。"模度"一词出现于1948年，由法语的"模矩"和"黄金"两个词组成。

勒·柯布西耶模度是对柏拉图数字神秘主义的阐述，从数学原理来看甚至有一定的矛盾，而当初他提出这个模度时是想让它成为举世通用的标准。它所根据的尺寸基础来源于随意挑选的一位现代维特鲁威人，根据勒·柯布西耶的说法，他选定了英国侦探故事里那位"总是身高六尺"的英雄主角为模型。他的这一模型衍生出两种尺寸体系，即他所谓的红尺和蓝尺，他虽在自己的设计作品中使用，却并没有大规模地推广，而只有少数最忠诚的崇拜者会使用。不过他那幅说明人体黄金比例的图释（见上图）令后人铭记且广为流传，它就像是一个强有力的宣言，再次突出了那些在人类早期文明中扎下根基的信念。

帕拉第奥设计的威尼斯圣乔治马焦雷教堂的内部呈现出和谐之美，浓缩了他对几何形式和"音乐"比例的运用。

布鲁内莱斯基设计的佛罗伦萨帕奇小礼拜堂，采用了简单的几何形状，彰显出文艺复兴对于"理想"形式的浓厚兴趣。

对页图：建筑师艾蒂安-路易·布雷为牛顿设计的纪念陵墓（1784年，对页顶图），以最纯粹、最宏伟的手法表现了他对纯粹几何形式的热爱，同时也传达出启蒙主义相信宇

形状、理想和本质

观念 20

形 式

英文中"form"这个词的意义有些模棱两可，它既代表形状，也指柏拉图派认知中的理念或本质。在建筑领域，"form"一词同古典时期与文艺复兴时期建筑中的理想形式关联起来，在许多19世纪建筑以及后来的现代主义风格的建筑中，它也同反思建造方式的实践活动关联起来。

在英语中，"形状"和"思想"或者"本质"这几个词的语义都能用form表示，但在德语中却得到了很好的区分。德语里用了两个不同的词来表示，"gestalt"代表形状（感官知觉），"form"则代表事物的理念。柏拉图派认为形式是经由人类大脑智慧而非感官所获得的一种认知，这种观念经常被人们同亚里士多德的观点弄混，后者认为形式和物质形态相关联，而这种观念却被理想主义的美学理论所排斥，例如康德就不接受这种观点，他认为美独立于物质之外。

尽管文艺复兴时期的建筑师对柏拉图传统很感兴趣，但他们通常是把形式当作形状的同义词，或者当作毕达哥拉斯派理论中的比率或比例来使用，而在德语地区以外的国家，一直到了20世纪，建筑界才普遍对"形式"一词有了更为深入的理解。现代主义艺术流派尤其关注形式，他们认为形式可以对他们工作中艺术控制的那部分来进行界定。

尽管如此，人们对形式的诠释多种多样，让人惊异。对建筑师阿道夫·鲁斯而言，形式意味着拒绝采用装饰。关于这一点，他的想法与戈特弗里德·森佩尔的想法如出一辙，鲁斯指出物质本身便包含了它潜在的形式。德国工业联盟将这种观念发展成生产实物和修建建筑的一种方法，即"忠于"材料潜在的形式，也就是后来倡导的尊重材料的本质和特性原则。不过，20世纪20年代正是现代主义羽翼丰满的时期，对形式的强调流于形式主义本身，有为了追逐形式而形式之虞，密斯·凡德罗就曾在1923年宣称"以形式为目标就是形式主义"。

以汉斯·迈耶为代表的功能主义派建筑师决意抵抗康德将功能和美学价值区分开来的理论，努力摒弃对形式的一切关注，从而全身心集中地展现作品的社会价值。这种观念在整个20世纪一直有人响应。例如20世纪50年代境遇主义者就尝试将建筑当作没有形式的事物来看待，以此来抵抗资本主义，荷兰艺术家兼建筑师康斯坦特·纽文惠斯的新巴比伦项目规划，将城市设想成一个不断变动的环境氛围，后革命时代的个体可以从一处休闲环境逛到另一处，以寻找新的感觉。

对于那些以倡导科技为基础的激进派建筑师来说，例如塞德里克·普莱斯和20世纪60年代的各种乌托邦团体，他们认为肃穆静态的形式并不是建筑设计该有的。例如，塞德里克·普莱斯为充满魅力的剧团制作人琼·利特尔伍德设计的娱乐宫，就是一个能够不断重新排列的"支撑结构"，类似于1964年建筑电讯派代表人物彼得·库克提出的巨型插接城市的缩小版。

早期现代主义流派所担心的形式主义带来的威胁，对美国解构主义建筑师彼得·艾森曼来说并不构成任何威胁。为了批判功能主义，他在20世纪70年代早期设计的作品遵循了弗迪南·德·索绪尔的语言学理论。弗迪南·德·索绪尔认为，从本质上来说，语言的意义任意地依附于外在形式。在彼得·艾森曼设计的一系列挑战传统的建筑项目中，他将"语法"套用在线条和平面等设计元素之上，先设计出各种空间组合，等建筑的形式确立之后，才开始思考该如何在其中居住。

设计的附属品

观念 21

装　饰

在传统文化中，建筑、装饰和建造是分不开的，例如古典柱式就是典型的例子。装饰在建筑中变成一个独立的概念，归因于其在某些辩论中扮演了关键的角色，例如关于"真实性"和"诚实"之间的激烈争论，甚至最后招致臭名昭著且饱受误解的"装饰即罪恶"的结论。

自文艺复兴以来，人们对世界文化和古代文明的接触日益频繁，装饰也逐渐被视为设计的从属元素，而非构成设计整体的不可或缺的一部分。到了15世纪，描绘世界各地装饰风格和元素图案的书籍首次出现，而随着工业革命和机器生产时代的到来，大批量生产的装饰品激增，这类装饰品通常采用人造材料，这股趋势在建筑界引起了强烈的反应。1851年在英国伦敦举行的世界博览会上，琳琅满目的展品与陈列展品的现代风格的水晶宫形成强烈对比。那些展品或许可以娱乐大众，却让刚刚处于起步时期的设计改革运动的先驱们很反感。

这场设计改革运动最重要的体现之一就是欧文·琼斯于1856年出版的《装饰法则》，该书采用当时最新的彩色石印技术印刷，是所有彩图书中知名度最高的一本，从那时的角度来看似乎有些反讽的意味。虽然这本书的内容是那些来自埃及、土耳其、西西里和西班牙的设计，但欧文·琼斯在开篇首先解释了37种"安排形式与色彩的通用原则"，其中有一些——比如装饰墙面时必须保持墙面的平整等——为后来现代主义的实践埋下了伏笔。欧文·琼斯在书的结尾处指出，"在艺术最辉煌的时期，所有装饰都是基于对原则的观察之上，观察大自然以哪些原则安排各种形式"。这些理念被后来的新艺术运动直接吸纳，并与现代主义相互共鸣，后者不断从大自然中学习和效仿，并将大自然视为功能设计的典范。

对改革派而言，滥用装饰以及使用人造材料进行装饰，都事关道德问题，例如建筑师罗伯特·爱迪斯爵士就认为："如果你乐于用谎言来美化你所拥有的东西，那么你以其他方式玩弄骗人的小伎俩也就不足为奇。"

迪恩和伍德沃德设计的新哥特式牛津大学自然史博物馆（1855—1860年），使用了细长的柱子和栩栩如生的柱头装饰，虽然是用铸铁和锻铁为材料，却也再现了哥特式时期最初石材装饰的风格。

现代建筑的倡导者对于装饰的争议大致可以分为两个派别：一派是不接受，坚信"纯粹的"空间和"诚实的"建造才是机器时代表现新价值的最佳做法；另一派则试图创造出一套全新的当代装饰语言。弗兰克·劳埃德·赖特就属于后者，他的"草原式住宅"可以说是第一个将现代意义的空间彻底表现出来的作品，但是在某些细节的处理上，例如花饰铅条窗的设计语言却不甚明确，导致在有些人眼里，他的作品像是在新旧世纪的价值之间不自在地摇摆。

装饰最初被视为设计的附属元素，而不是被当作设计的一部分。

高迪设计的位于西班牙巴塞罗那的巴特罗公寓（1877年）的表面装饰着马赛克瓷砖，而向外膨胀突出的隔间则呼应着各种生物有机形式，例如骨头。这使得视觉上看来既具有装饰性，也突出了结构性。

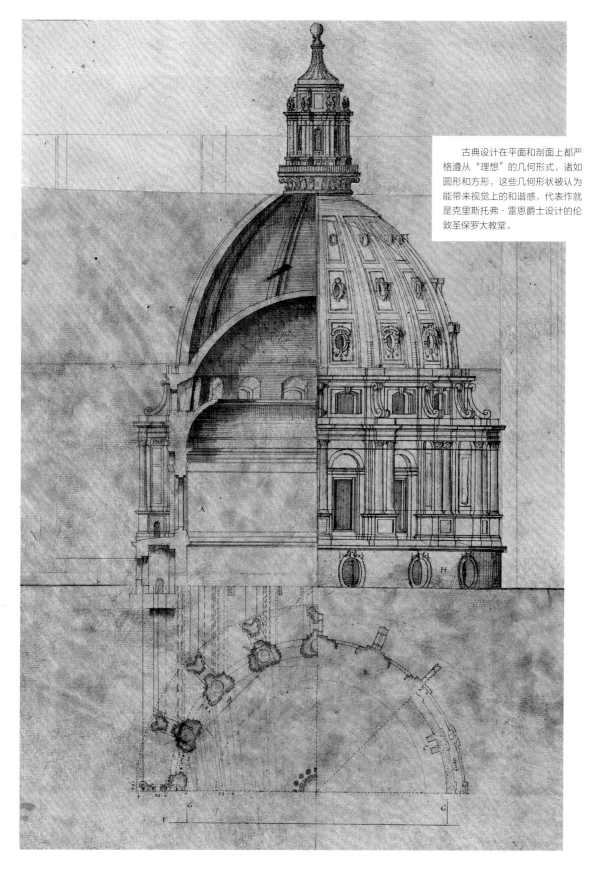

古典设计在平面和剖面上都严格遵从"理想"的几何形式，诸如圆形和方形，这些几何形状被认为能带来视觉上的和谐感，代表作就是克里斯托弗·雷恩爵士设计的伦敦圣保罗大教堂。

完美的形式

观念 22
理想形式

阿尔多·罗西为1979年威尼斯双年展设计的水上剧场，他将自己的信念转化为现实的例证。他认为理想的几何形式具有再现城市文化"记忆"的强大力量。

最终极的现实建立在思维或者观念之中，是西方世界最普遍的想法之一。这种想法在西方的思想界和建筑界引发了一种尝试，试图通过某种理想形式来再现事物应有的模样，而非其现实中的样子。

勒·柯布西耶于1923年出版了《走向新建筑》一书，他在书中指出，建筑师追随"工程师的美学"可以达到"柏拉图式的宏伟"，这种宏伟会与每个人内心的"反射板"产生共鸣。这种机器时代的通用美学受到了"经济法则"的启发，并受"数学计算"的影响。

这种"理想主义者"的观点源自柏拉图，而哲学家们对于该观点的诠释一直持续着。不过，它对建筑的主要影响倒是很容易阐述。柏拉图认为，物理领域的万物都是理念世界里的理想版本的不完美变形，于是他开创了再现理想形式的传统。这既激发了各种乌托邦版本的涌现，也限定了古典主义的建筑观，建筑家克里斯托弗·雷恩爵士（1632—1723年）曾对此作出过最提纲挈领的精准说明：

美的起因有两个：自然的与习惯的。自然之美来自一致的几何，均等且合乎比例。习惯之美源自运用，因为熟悉会让人对本身并不可爱的事物滋生爱慕之情。但是它有产生重大错误的可能，而自然与几何之美却是永远真实的。几何图像在本质上比不规则图像更具美感：正方形和圆形最美，其次是平行四边形和椭圆形。直线只有在两种状态下是美丽的：垂直或水平，这源于"自然"，也因此成为一种必然，恰是如此真实才会稳固。

这种态度在莱昂·巴蒂斯塔·阿尔伯蒂和帕拉第奥的早期论文中随处可见，他们不断强调形式、比例和对称，后来又在艺术史学家约翰·约阿希姆·温克尔曼（1717—1768年）的影响下，重新点燃了人们在新古典主义的理论和实务中不断追求此种精神的热情。

约翰·约阿希姆·温克尔曼支持希腊雕刻所具有的"高贵的简单与安静的宏伟"，排斥将艺术诉诸感官的特质，他倡导无情绪的理想之美，这种美以"纯粹"的形式为基础，去除了颜色和纹理这类"次要"属性。这和后来勒·柯布西耶倡导的"瑞普林法则——刷白原则"相似，他主张以这种方式将建筑的形式特质展现出来，形式诉求的对象是理智，而不仅仅是为了满足感官刺激。

柯林·罗于1947年发表了《理想别墅的数学》一文，在文章中，他将勒·柯布西耶的早期作品同帕拉第奥的作品进行了比较。柯林·罗设计的建筑却同他论证严密的简化理论不同。在他的建筑中，我们可以看到"理想形式"的秩序系统，例如柱网络，与项目、场地或者建设的特殊需求之间的持续对话。路易斯·康的设计也很类似，他在规划建筑方案时总是从理想化的形式开始，然后以"设计"的法则进行试验并转化为现实，这也体现出接受过学院派建筑艺术训练的路易斯·康，继承了该派对于建筑核心精神的重视。

组成空间和形式的标准单位

观念 23

模　数

日本房屋的格局根据榻榻米的标准大小来布局，就连天花板上的材料也是简单地不断重复，这种重复使用模数的现象在建筑领域随处可见。

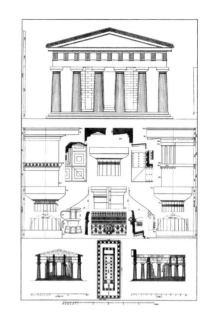

古希腊神庙的尺寸是以柱子基座的圆柱半径为基数，在此基础上乘以或者除以一定的倍数。图中为早期尺寸模型的一个图例。

古希腊人采用这种系统为古典柱式设定比例，选用的模数是柱子基座的圆柱半径，然后将其分为30等份。罗马建筑师维特鲁威在他最出名的著作《建筑十书》中秉持同样的精神，建议"在神殿内挑选某个部分作为标准……多立克式神庙的模数参数应该和三陇板的宽度一致"。

这种系统应该在何种程度上决定一座希腊神庙的所有尺寸，是可以公开辩论决定的，然而在中国木框架建造系统中，这种被记录在《营造法式》（北宋李诫，1103年）和《工程做法则例》（清工部，1733年）等施工手册当中，以标准模数来控制的建造细节和建筑布局是由皇帝的圣旨决定的。施工手册被当作政府对于修建建筑物所制定的准则，适用于全国范围，这些手册跟现代社会努力想要发展出一套国际通用尺寸和构件的雄心如出一辙。

在欧洲建筑界，人们从相信建筑有可以和宇宙与人体保持一致的几何比例系统，到符合工业建造的"理性"要求，这种转变在法国建筑师让-尼古拉斯-路易·迪朗（1760—1834年）的著作中阐释得非常清楚。他写了两本影响深远的书来概述他的观点，《古代和现代建筑汇编》和《实际建筑中的经验教训》（简称为《汇编》和《简记》）。迪朗在书中为如今建筑系学生所熟知的一些方法奠定了基础。《汇编》提供了92种"先例研究"，帮助读者分析和效仿具有相同功能的历史建筑；《简记》则是处理现代人的需求，包括卫生和健康、行政和司法、教育和政治。《简记》经历几个版本之后，最终发展出一种基于轴线和网格的有趣的抽象构图法，并配合网格纸，"建筑"的模数元素就画在网格纸上。

迪朗这种务实的取向为日后的系统化努力提前做了准备，系统化的对象不仅是建筑知识，还包括工业制造部件的组装和尺寸协调。建筑知识方面最著名的代表或许是恩斯特·诺伊费特

（1900—1986年），他的著作《建筑设计手册》在1936年出版后被陆续翻译成多国文字广为传播。此后，法国的部队工程师查尔斯·勒纳尔上校于1870年在他的作品中提出供公制使用的优先数，最终在1952年被国际标准化组织采纳为ISO3标准。勒纳尔上校的几何和对数序列对于建造过程来说过于复杂，建筑界后来选用100毫米作为"基本模数"，而300毫米、600毫米和1200毫米这几个倍数依次成为最受欢迎的递增尺寸。

虽然大多数的当代建筑基本上都是从务实的角度考虑，但模块化还是给了无数建筑师灵感，让他们朝着更富有诗意的想象空间发展：从让·普鲁威率先尝试发展出一套工业化的建筑体系，到萨夫迪为1967年蒙特利尔世界博览会设计出生境馆，直到当今建筑设计界对于电脑生成系统的迷恋，这种模数重复所产生的潜在乐趣一直是现代建筑中一再出现的主题。

右图：图为英国采用 CLASP 建筑体系的一所学校，建筑采用了轻型钢结构和模数部件。该建筑获得了 1960 年威尼斯双年展的奖项。

模块化激励了很多建筑设计师，让他们朝着更富有诗意的想象方向发展。

下图：传统的日本建筑常使用标准的、人体身高大小的榻榻米来作为一种规划模数。

模块化网格意味着理性和适用性。

杰斐逊网格将美国的土地划分为每块 1 英里见方，即约 2.6 平方千米的分区。这种划分被引用来规划美国西部的大片殖民土地，如图中所见到的芝加哥航拍图。这种分区在美国的城市非常常见。

陷入秩序网络的空间

观念 24

网格

利用交叉线和平行线条所构成的正方形或者长方形网格来组织空间，最早始于古文明中的城镇规划，无论是美洲国家，还是中国，都曾采用这种做法。其中最著名的代表或许是米利都，它是目前公认的第一个采用网格规划的希腊城邦。尽管缺乏证据，但一般人们认为它是出自希波丹姆（约公元前500—前440年）之手，这个规划第一次将网格的价值当作社会秩序和理性表达的方式。

古罗马城镇的网格规划起源于军营，围绕两条直角相交的主要街道来布局，南北向称为cardo，东西向则称为decumanus。随着罗马帝国的扩张，这套地理系统也扩展到全欧洲，作为帝国将秩序施加于征服地的手段，并为日后大规模地推广类似系统埋下伏笔。例如，1785年美国提出1平方英里（约2.6平方千米）杰斐逊网格，这是为了把政府的权威扩展到密西西比河流域和大湖区，最后甚至延伸到美国的大多数地区。

在建筑领域，第一次多方齐心协力推广使用抽象的尺寸网格来协调建筑的平面、断面和立面的尝试，是由法国极具影响力的学院派教师让–尼古拉斯–路易·迪朗所推动的。他提倡一种平等主义的后革命建筑，即采用新的"基本架构表"作为模数。该模数是以柱心到柱心之间的距离作为衡量单位，而不像古典时期那样，将圆柱直径当作模数——尽管这被认为是合乎人体比例的基准。

迪朗的建筑是建立在模数网格的基础之上，就好像"完美人体模型"一样，这就意味着他的建筑既是理性的，又具有普遍适用性。事实证明，这种做法在德国很受欢迎，尤其受到新古典主义大师的青睐，包括卡尔·弗里德里希·辛克尔（1781—1841年）和利奥·冯·克伦泽（1784—1864年），所以在一个世纪后，第一本为建筑师所著的尺寸指南大全是由德国人恩斯特·诺伊费特（参见第52页图）撰写的，也就并非巧合了，他曾经在包豪斯当过沃尔特·格罗佩斯的助手。

网格给人的感知是普遍性和理性，显然对于那些想在机器时代找出一种国际风格的建筑师们充满了吸引力。同时网格也得

顶图：坎迪利斯·约西齐·伍兹建筑事务所于1963年为柏林自由大学设计的校园布局，就是基于"开放式"网格设计，以便于容纳后来兴建的建筑，例如福斯特建筑设计事务所设计的穹顶覆盖的语言学院图书馆。

上图：奥斯维德·迈西斯·安格斯建筑事务所设计的位于法兰克福的德国建筑博物馆（1978—1984年），从结构到家具都采用方形网格形式。

到了普遍使用：一方面作为抽象的组合工具，另一方面作为将建筑尺寸和建筑组合部件协调一致的方法，而且这在全球化的经济环境下显得日益重要，这一背景下的建筑是由工业生产的构件组合而成，几乎无法或者很少能在施工现场进行调整。

随着现代主义者提出自由平面的主张，结构网格让空间架构得到前所未有的自由释放。不过，在奥斯维德·迈西斯·安格斯的作品中（上图），系统网格化的空间将不容妥协的秩序强加在每一样东西之上，从房间和家具的尺寸，到电器插头和电器开关的位置……尽管如此，这两种利用网格的方式，无论态度多么不一样，都是属于现代主义所谈论的通用空间或普适空间，而非后现代主义所关注的场所的特殊性。

完美的平衡

观念 25

对　称

在通常的用法中，"对称"特指两侧相对于中轴线对称的一种偏好，这种偏好在所有文明的正式建筑中都可以看到，即使在一些地方建筑中也极为普遍。这种偏好似乎放诸四海而皆准，也许是具有某种生物学上的根深蒂固的原因。

伊斯兰建筑除了在空间架构上采用中轴对称之外，连装饰图案里也充满了复杂的对称形式，这在西方建筑中相当罕见。

我们的个体性或许是建立在面部两侧的些许不平衡之上，因此来世的面孔也不能过于对称，但如果太过偏离身体的对称性，一般会被认为是病态或者畸形的标志。与其说对称是改变建筑的一种观念，不如首先将它界定为融合身体和宇宙的象征意义的一种观念更加合适。

"对称"一词源自希腊语中的"symmetria"。目前留存下来的最著名的一部古代美学著作是由波利克里托斯所著的《法则》，书中用"symmetria"来描述一件雕塑作品的所有部分与整体之间，以及彼此之间的相称性（合乎比例）。这种观念可以追溯到毕达哥拉斯的一些理论以及柏拉图的思想传统，并且在西方古典时期和伊斯兰传统中能够让人们从更广泛的角度来理解对称。

虽然左右两侧对称是西方建筑中最常见的形式，但围绕着十字正交的两轴所形成的对称也经常被用在个别房间的布局中，以及文艺复兴时期用来表达理想形式的设计中。伊斯兰世界采用了更为复杂的数学对称形式，而且不仅仅运用到建筑平面上，甚至瓷砖的拼花图案也讲究对称，比如在瓷砖的平铺模式上尽情地展现复杂的平移、旋转和反射（左上图）。这种准结晶形式的图案如此复杂，它甚至为如今对称和拼花的数学理论奠定了基础。

想要突出某件建筑作品的重要性，例如教堂或者其他公共建筑，对称是最有效的手法之一，它称可以让建筑从自然环境和都市变化多端的纹理中凸显出来。伪装、掩饰刚好相反，会用不对称的标记来破坏容易辨别的形式。正因为对称很容易被理解，它也可以反过来变成一种创造空间位置的手段，能更有效地将人们的注意力集中到建筑中陈列的物品或建筑中举办的活动上，而非

路易斯·康虽然是一位毋庸置疑的现代建筑大师，但是他仍然支持古典结构中的很多观念，其中就包括中轴对称。他设计的美国加州拉霍亚沙克生物医学研究中心（1959—1966年）就是一个典型的例子。

建筑本身。

　　对称在正式建筑上所占有的优势在18世纪的英国首次受到挑战，挑战者来自一种新的美学派别，称为"风景如画派"。大自然再次为建筑提供了模型，但这次不是以有机体的形式，而是以场景的形式出现：风景如画派的景致，以及更广义上的绘画和建筑，必须充满各种各样的变化、引人入胜的细节、起伏不平的纹理，刻意体现出其中不带有丝毫的对称性。这种从对称的统治地位下释放出来的建筑结构，成为哥特式复兴、艺术与工艺运动和国际风格的典型特色。由此联系到空间的流动性和形式对比的效果，从而展现出现代生活的动态表情。

好建筑的三大特质

观念 26
实用、坚固和美观

"好建筑有三个条件：实用、坚固和美观。"以上用来描述建筑的词汇，就是人们所熟知的维特鲁威三要素，这里引用的是英国作家兼外交官亨利·沃顿爵士翻译的英文版本。如今这一概念已经成为最常被引用的建筑"定义"。

这三个特质引用自亨利·沃顿爵士于1624年出版的《建筑学要素》一书，该书是罗马建筑师维特鲁威所著的《建筑十书》的意译本，后者是古典时期唯一流传至今的建筑文集。维特鲁威出生在公元前80—前70年，他的名声完全来自他所著的《建筑十书》。在拉丁文原文里，维特鲁威所写的三要素分别是："firmitas""utilitas"和"venustas"，意思是说一件作品必须坚固或持久耐用、实用而且美观。维特鲁威遵循古希腊和古罗马时期的美学理论，认为建筑是模仿大自然的产物，如同鸟类和蜜蜂筑巢一样，人类也能利用自然界的材料建造房子来抵抗自然界的一些不利因素。这种准自然的建造艺术，在古希腊时期因为古典柱式的发明而趋于完美，古典柱式为建筑注入了一种比例感，而这也是美感的来源，并借此让人类理解所有形式中最伟大的一种——人体。

为了说明他理想中的美是以人体的比例为基础的，维特鲁威画出了一名男子的形体，后来经达·芬奇演绎成著名的《维特鲁威人》，画面中的男子伸开双腿双臂与一个圆形和一个方形整齐地内接（参见第43页图），作为代表宇宙秩序的理想形状，并符合黄金比例的要求。

维特鲁威的著作在文艺复兴时期的意大利重新被发现，并由莱昂·巴蒂斯塔·阿尔伯蒂在他影响深远的《论建筑》一书中完整地重新论述。该书写于1443—1452年间，却一直等到1485年才公开出版，被称为"有史以来最重要的建筑理论作品"。虽然阿尔伯蒂写下该书的初衷是想要取代维特鲁威的权威地位，但他依旧采用了维特鲁威的模型，并根据坚固、实用和美观这三个方向来讨论建筑师的作品。阿尔伯蒂的拉丁文和建筑理念比任何一位前辈或同辈都更精准，正是他将建筑确立为一门具有知识理论基础的专业，而不仅仅是一项技能。

尽管阿尔伯蒂渴望拉开他和维特鲁威之间的距离，但他们仍持有相同的观点，认为美是艺术品的内在特质，而非某种外加之物；美也不只是建筑的副产品，且不像强硬派拥护者所主张的"形式追随功能"，例如德国功能主义者汉斯·迈耶认为，只要对坚固的实用性给予应有的关注，美就会自然产生。勒·柯布西耶的内心深处就是现代的维特鲁威，他在1923年出版的名著《走向新建筑》中写道："你运用石头、木头和混凝土等材料盖出房舍和宫殿——这是建造。但是如果在建筑中再融入独创性和工艺，并且你忽然之间打动了我的心，让我感受到愉悦——我很快乐。然后我说，这真美。这才是'建筑'"。

希腊多立克柱式经常被拿来和男子的身体比例做比较，说是因为要负重很多，所以柱身"隆起"（最左图），它就是将结构（坚固）和视觉愉悦（美感）融为一体的缩影。意大利南部的多立克柱式神殿（左图）是现存古希腊神殿中柱身收分曲线最宽厚膨胀的，这点深受新古典主义建筑师的推崇。

阿尔伯蒂设计的位于意大利曼托瓦的圣安德烈教堂（1470年）是文艺复兴时期将维特鲁威三要素化为整体美感的典型代表。

对目的、场所和材料的回应

观念 27

特异性

古典时代的理想形式遭到哥特石匠的普遍排斥，他们钟情于事物的特异性，这一点在英格兰诺丁汉郡的索思韦尔大教堂上体现得最为明显，那些雕刻得栩栩如生的叶片让人一眼就可以看出是哪种植物。

在哲学领域，"特异性"一词用来描述存在于空间和时间中的具体事物，是"通用性"的反义词。"特异性"这个词或许不会像形式、理想、对称和比例这些充满柏拉图式世界观的理念那样立刻涌现在我们的脑海中，但它描述的是在建筑中一再出现的态度与看法，包括对场所精神的回应，对场所而非空间的关心，以及遵循材料本质进行的设计。

在古典时代的观念里，关心特异性通常是会遭到反对的，关于这一点，画家乔舒亚·雷诺兹爵士在他关于艺术的演讲里以充满钦佩的口吻再次提到。他宣称，艺术的力量在于发现，进而消灭"特异的和不同寻常的"，如此这般艺术就可以"超越所有的独特形式、当地习俗、特异性和各种细节"。与他同时代的诗人威廉·布莱克则不这么认为，宣称"如果不是时时刻刻存在的特异性，艺术和科学根本就不会存在"。

就建筑而言，对于特异性的迷恋在哥特式大教堂上开出了灿烂的花朵，柏拉图式的建筑架构在哥特建筑上变成了自然主义细节的陪衬物。得益于尼古拉斯·佩夫斯纳（1902—1983年）那篇影响深远的论文，英国索思韦尔大教堂礼拜堂里那些精雕细琢的橄榄叶（右上图）才被视为关键性的转折点，而在法兰西岛的沙特尔大教堂和当地其他大教堂里，也可以看到雕刻得栩栩如生的各种植物。

以这种方式观看大自然的重要性是不可估量的。它孕育出了现代科学的实证精神，以及对待艺术的态度，而这种态度则又催生了英式景观园林，并关注到风景如画派的理念。它也纠正了我们对建筑材料的态度，呼吁既要考虑材料的工程性能，又要拥有将材料的"本质"表现出来的欲望，后者在现代建筑的发展过程中扮演了重要的角色。

没有几栋建筑会比弗兰克·劳埃德·赖特的流水别墅（1935年，对页图）更能说明这两点。从整体的布局到墙壁、楼梯、窗户和其他细节的处理，它的层次设计完全呼应了现场的沉积地形；走进位于混凝土棚架下的入口时，一根梁绕着树呈曲线状，会使你一

方面歌颂如此独特的存在，另一方面赞美在建筑中体现着尊重自然的态度。最后，赖特对材料的处理都经过仔细权衡，旨在将材料个体的"本质"表现出来，例如悬臂式阳台是为了以戏剧化的手法将钢筋混凝土的结构潜力表现出来，而圆线的角落处理则是反映了赖特的信念——钢筋混凝土在本质上是一种液态材料。

在建筑领域，"特异性"通常和"普通的""一般的"对立存在。美国建筑师罗伯特·文丘里在1966年出版的《建筑的复杂性与矛盾性》一书中，描述了一堆例子和设计策略，并以"难应付的整体"来形容这种综合体的特质。比如，在勒·柯布西耶设计的那栋肯定属于"理想形式"的萨伏伊别墅（参见第141页图）中，建筑设计的清晰因为呼应一系列特殊需求而变得充满活力，包括用可以让一辆车快速旋转的宽阔弧度来决定地面楼层玻璃帷幕墙的几何形状，以及用隔离物把浴室包绕起来的做法。

我遵循那种可以用于信息交流的构建原则。——弗兰克·劳埃德·赖特

弗兰克·劳埃德·赖特坚持认为建筑设计应该呼应其所处场所的特质，这种决心在他设计的流水别墅中体现得最为突出，大到整个建筑的地质分层，小到一个被树枝缠绕的水泥棚架，方方面面都体现出了他的这一设计理念。

一名严阵以待的艺术家英雄总是苦苦尝试创造出人类文明最伟大的成就。

勒·柯布西耶和他形影不离的黑框眼镜，与任何同辈相比，他的形象都更有助于将建筑师的形象确立为一位充满灵感的艺术家兼设计师。

艺术家英雄的出现

观念 28

建筑师

在中世纪，设计和施工程序都是在石匠师傅的指挥下完成的，他们是经过一整套工匠学徒训练培养出来的。

　　"建筑师"的字根，源自希腊文的"领袖"和"木匠"，由此可见它是一个古老的词汇。如今人们将建筑师视为具有设计和建造等全面知识的独立专业人士，但这样的想法却是在文艺复兴时期才开始扎根，而且一直到18世纪才进一步得到稳固。

建筑师作为建筑专业的"工匠"和"师傅"的角色一直延续到中世纪，但是随着哥特式建筑在12世纪的法国出现，其角色也经历了一次重大的转变。哥特式建筑不再从有机的角度去看待建筑物，并任其成长和改变。反之，哥特时期的石匠师傅必须精通几何学，不但要能勾画出复杂的石头造型，还要能为整体建筑提供统一的空间和几何结构。

　　随着古典时代的知识在文艺复兴时期的再现，以及维特鲁威的建筑著作重获重视，将建筑师视为精通艺术架构和建造实务的准艺术家——设计师——的看法也开始逐渐建立起来。许多伟大的文艺复兴和巴洛克大师，例如米开朗琪罗、达·芬奇、拉斐尔和贝尼尼，都是在各式各样的视觉艺术之间自由游走。另外一个推动建筑师出现的关键因素就是规格足够大的纸张的普及，这可能有点让人出乎意料，但是如果没有尺寸适宜的纸张，就不可能出现设计手稿。

　　文艺复兴时期将建筑视为一种艺术的观点，促使设计和实际建造工艺开始分离开来。后者的发展逐渐进入另外一个新的专业领域，也就是工程师，而这两者的分离在17世纪的法国进一步机制化：巴黎国立高等美术学院和法国国立桥路学校纷纷成立，前者教授建筑，后者培训今日所谓的土木工程师。

　　把建筑师想象成严阵以待的艺术家英雄，为创造最伟大的文明成就而努力不懈，这种浪漫的想法是由作家们率先提出的。例如德国大文豪歌德，他对哥特式大教堂的壮美深感敬畏，这种想法被勒·柯布西耶和弗兰克·劳埃德·赖特等建筑师接受。这个角色的最新版的发明就是所谓的"明星建筑师"——一个可以将城市和客户放到"地图上"的设计师，以及一种可辨识的营销工具：现代广告里的建筑师总是一身黑色打扮、戴眼镜、打领结、拿着卷起来的设计图稿，被用在卖手表、鞋子、时装和家具的广告中。

　　对大多数建筑师来说，现代建筑实践的真实情况和广告中的形象截然不同。有些建筑师是个体建筑师兼企业家，先前有许多专业法规明令禁止这样做，但在20世纪50年代的美国由约翰·波特曼等建筑师开始尝试，还有些建筑师是社区倡导者；更多的建筑师在大型商业公司和设计以及施工承包公司里工作。在这些公司里，设计过程被越来越细化，交由不同的专业工作者负责。这样的演变轨迹让人想起卡尔·马克思对于工厂工作的分析，工厂就是把先前由熟练工匠负责的所有工作，拆成小份的专门技术工作，这和传说中的建造大师或者艺术家英雄实在相去甚远。

在二维平面上描绘三维建筑

观念 29
正射投影

利用坐标的平面、断面和立面图来描绘建筑物，以及帮助建筑师制图的绘图板、丁字尺或者平行尺，我们都很熟悉，但正射投影直到19世纪才开始被广泛采用。

平面图的历史非常悠久，有些甚至可以追溯到公元前3000多年，在维拉尔·德·奥内库尔著名的素描本中，就找到一张兰斯大教堂的剖面图，这张图绘制于13世纪初期。但是系统地使用正射投影，让设计师可以在二维平面上绘出准确描述三维空间的建筑，却一直等到18世纪末法国数学家加斯帕尔-蒙日创建出所谓的画法几何之后才开始发展。

目前所知最早的坐标平面和剖面图可以追溯到1390年，是由安东尼奥·迪·文森佐为米兰大教堂所绘制的研究图。当时他刚拿到位于博洛尼亚的圣彼德罗尼欧教堂的委托案，只是为其出设计方案，并不指导实际建造过程。米兰大教堂和常见的情形一样，开始兴建时文森佐对于剖面形式并没有固定的想法。虽然哥特式建筑已采用全尺寸的制图来指导复杂的建造过程，但直到文艺复兴时期，比例图才开始普及。比例尺的使用让制图和建筑在知识层面上分离开来，同时促成了建筑师和工匠的角色分离。

比例图最显而易见的影响体现在文艺复兴早期的一些建筑趋势上，某些建筑看起来很像阴刻版的绘图，例如莱昂·巴蒂斯塔·阿尔伯蒂设计的鲁切拉宫（1446—1451年，参见第12页图）：它的正立面"建筑"实际上是在建筑的表面贴了一层石材幕墙。从哲学角度看，比例制图取得的全新的重要地位折射出一种信念，那就是除了神的启示之外，视觉观察也可以成为知识的主要来源；而在实际操作层面，比例制图是因为造纸术的发展才能得以实现，和艺术家利用大量草图来研究绘画的做法齐头并进。

绘制比例图会鼓励建筑师思考用怎样的方式制图，才能最好地描绘建筑，换句话说，就是三维空间里的形式表达问题。这种对于形式问题的强调，需要建筑师将制图当成最终目标。其中最具代表性的例子就是巴黎国立高等美术学院所蕴育出来的宏伟计划，这致使勒·柯布西耶特别告诫学生，要"对制图保持一定

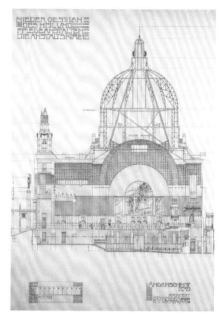

这是奥托·瓦格纳为维也纳圣利奥波德大教堂（1905—1907年）绘制的精细剖面图，兼具了建筑空间、结构和装饰设计的各种细节。

的戒备"，它无非是绘图技巧的"炫耀秀场"。至于把平面图、剖面图和立面图当成形式催生者的做法，同样找不到强有力的支持：勒·柯布西耶在《走向新建筑》一书中指出，平面的"简洁的抽象性"是建筑创作过程中的"决定性瞬间"，并赞扬"基准线"在决定立面比例上的优点。

勒·柯布西耶早期设计的别墅作品，连同意大利现代主义风格的朱塞佩·特拉尼的作品，催生了彼得·艾森曼做出迄今为止最为激进的尝试：试图利用投影制图的机械手段来创造建筑形式。艾森曼在他20世纪70年代推出的一系列"住宅"规划中，将线条、平面和网格等抽象元素全部进行引导转型，这也预告了电脑辅助设计软件的到来。很多人相信，电脑辅助设计软件终将取代正射投影图，成为建造和再现建筑的首要方式。

以某个厂房的平面为中心，将内部立面"向外翻折"，是一种广受欢迎的设计技巧，能让细节设计与装饰达到统一。这张图是罗伯特·亚当为哈尔伍德庄园绘制的建筑图。

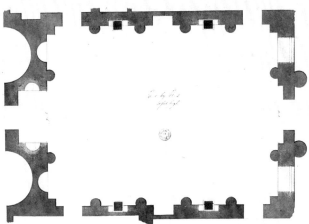

再现空间与视野

观念 30

透视投影

透视投影作为一种技术被发明出来，用以表现我们想象中的世界，它既是一种设计手段，也成为具有深远影响的质疑古典建筑基础的催化剂。

菲利波·布鲁内莱斯基发现（或重新发现）线性透视的故事是艺术史上最知名的事件之一。他邀请人们透过佛罗伦萨大教堂大门上的一个锥形孔洞向内凝视，结果人们看到他为洗礼堂绘制的一幅画反射在镜子里。然后他快速地移开镜子，让真实的景象显露出来，没想到镜子中的影像与绘画有着奇迹般的相似。

透视投影的基本观念相当古老，在公元前300年前后，欧几里得就在《光学》一书中定义过视线与锥形体，维特鲁威也曾经细心地观察到："透视是一种将侧面退缩到背景中来描绘正面的方法，所有线条全部汇集在一个圆的中心。"事实证明，这一观察所蕴含的意义却非常现代化。很多人遵循艺术史学家埃尔文·潘诺夫斯基的看法，认为透视投影所假设的统一视野是后来将空间视为一种无线连续体的开端，这一观点经过笛卡尔和康德的理性化论证之后，得到了现代主义建筑师的大力拥护。

除了绘画之外，在古希腊和古罗马，透视法是最早被运用在剧场里的。意大利维琴察的奥林匹克剧院（参见第83页图）是由帕拉第奥设计，并最终于1584年在文森佐·斯卡莫齐手中修建落成的。由于斯卡莫齐最初的设置一直被保留下来，所以至今它仍然是这方面最著名的典范：来自剧院内部的光线创造出近乎完美的"真实"街景幻象，如果你是坐在投射的中心点，那就更加完美了。这种从皇家包厢里的王室宝座向外投射的单点透视舞台设计，在贾科莫·托雷里（1608—1678年）为法国国王路易十四设计的宫廷舞台上达到巅峰。他设计的许多舞台在视觉上都给人以浩瀚无边的感觉。法国园林巨匠安德烈·勒诺特也运用类似的技术，在凡尔赛宫的花园里设计出以假乱真的透视幻景。

对透视的热爱如烈火一样在剧场设计领域熊熊燃烧，设计师们利用巨大的墙面和天棚画，通过透视让巴洛克建筑的内部空间看起来更加开阔。这在建筑领域掀起一场危机，直指文艺复兴的理论核心：如果美存在于数学上的"正确"比例——就像那些掌控音乐和谐的音符一样，那么当它们在我们眼中看起来失真时，我们该如何理解呢？现在很少有建筑师信奉古典时代的理想比例，很多人质疑透视投影作为设计手段的价值，因为电脑辅助设计的建模软件轻而易举就能做出透视投影，以风景如画派对这个词汇的用法来讲，建筑设计并非为了"再现"建筑。例如，弗兰克·劳埃德·赖特在这方面的态度就非常强硬，他在1908年发表的文章中写道："凡是根据自己的喜好把房子绘制成透视图，然后胡乱捏造出适合它的平面，以这种方式做建筑设计的人绝对盖不出配称为建筑的房子。透视法或许是某种证明，但其中没有考虑任何环境因素。"更近的例子则有芬兰建筑理论家尤哈尼·帕拉斯马，他援引现象学的理论指出，透视投影过分强调视觉，而忽略了触觉、听觉以及其他可以让建筑体验具体化的方面。

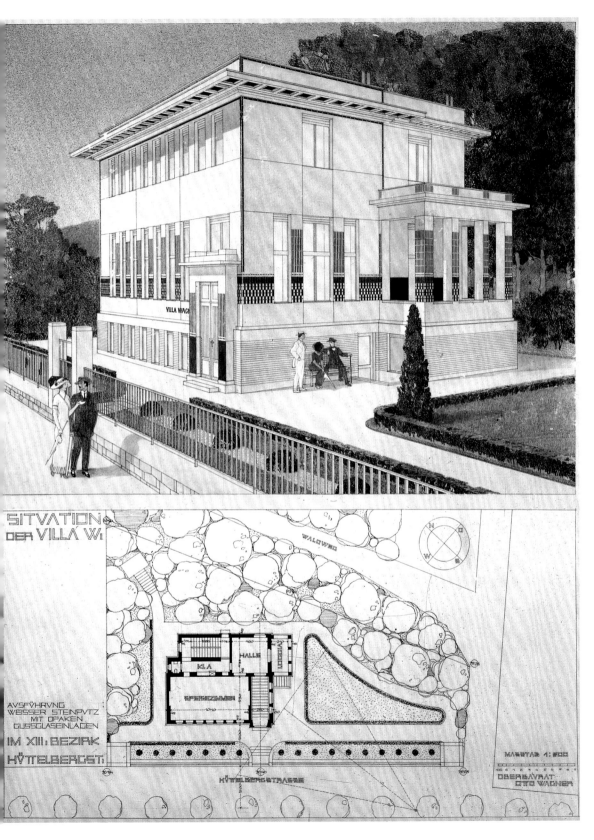

VILLA WAGNER

SITVATION
DER VILLA W.

WALDWEG

KL.A   HALLE

SPEISEZIMMER

AVSFÜHRVNG
WEISSER STEINPVTZ
MIT OPAKEN
GVSSGLASEINLAGEN

IM XIII. BEZIRK

HÜTTELBERGST.

HÜTTELBERGSTRASSE

MASSTAB 1: 200

OBERBAVRAT
OTTO WAGNER

莱昂·巴蒂斯塔·阿尔伯蒂设计的佛罗伦萨新圣玛利亚教堂的正立面于 1470 年落成，它的立面是根据方形、圆形以及它们的切割形状所形成的几何规律进行布局的。

布置的艺术

观念 31
布 局

"布局"一词源自拉丁语，意思是"把东西放在一起"。在不同的历史时期，这个词和某些相关概念是可以互换使用的，例如设计、形式、视觉秩序或者结构。

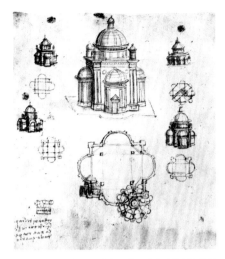

达·芬奇在1492年前后为一座中央放射型教堂绘制的草图，草图中所描绘的布局形式，是一个具有多个交叉轴的圆形，这种形式对文艺复兴时期的建筑师极具吸引力。

由于这个词在其他视觉艺术领域以及音乐领域也被广泛使用，那些期望把建筑和其他艺术形式关联起来的建造者或从业者对"布局"一词格外偏爱，然而那些习惯将建筑与机器或自然有机体做类比的派别，则偏好使用"建筑组织"这个说法。因此勒·柯布西耶就曾忠告学生："建筑是一种组织构造。你是组织者，而不是版画艺术家。"

任何布局都会牵涉到一套明确或隐含的规则系统，掌握着元素的安排和布置。比例大概是最早的一种形式，可以追溯到古希腊时代的数学，并能在音乐上找到最初的应用。比例和其他相关理念最后被精炼成数字系统，例如"斐波那契数列"，并在文艺复兴时期形成以数字和形式规则（例如对称）为基础的布局体系，对称形式支配着当时的"理想形式"建筑，例如帕拉第奥设计的别墅（参见第75页图）。

有史以来最具条理性的建筑布局系统，是在法国学院派建筑（参见第88—89页图）体系下发展出来的，并得到法国国立理工大学教师让·尼古拉斯·路易·迪朗的大力推广。他出版的首本书《古代和现代建筑汇编》（1799—1801年），以同样的比例收录了大量建筑的平面图，旨在帮助读者进行当今所谓的"先例研究"，而他的第二本书《实际建筑中的经验教训》（1802—1805年）则阐述了分析建筑和建筑布局的系统性方式。迪朗是利用基本的几何图形生成体积设计，通过局部到整体的加法过程而非整体的比例规范来完成复杂的形式。

虽然倾向于功能主义的现代主义者普遍喜欢"组织"一词胜于"布局"，但后者近来开始重获青睐。罗伯特·文丘里在《建筑的复杂性与矛盾性》一书中，通过先例研究归纳出一套全面的布局技巧、做法和迪朗很像，只是不像迪朗那样系统。卢森堡建筑师罗伯·克里尔同样在他的《建筑布局》（1988年）一书中，恢复了一种比较全面的、古典的做法，将与元素、形式、比例、功能和建造相关的观念集合起来。

不同于罗伯特·文丘里和克里尔将自己的研究建立在对建筑历史的研究上，另外一些建筑师则回归以数字为基础的布局取向，致力于开发电脑的计算能力。这批人会经常暗示性地提到由所谓的后现代"复杂科学"发展出来的数学理念（例如混沌理论和分形几何学），并呼应希腊和文艺复兴理论家的观点，认为大自然可以通过数字来理解，尽管彼此之间的形式结果有着很大的差别。这种理念也随着一些书籍的出版而得到普及，其中就包括英国建筑理论家查尔斯·詹克斯所著的《跃迁的宇宙间的建筑》（1995年），在他看来，弗兰克·盖里、扎哈·哈迪德和丹尼尔·里伯斯金设计的建筑就呼应了他的观念，这些观念同时得到结构工程师塞西尔·巴尔蒙德等人的强力支持，巴尔蒙德在他的作品中把数学智慧与丰富的结构和空间想象力结合在一起。

理想之地

观念 32

乌托邦

　　"乌托邦"一词由希腊文的"乌有"和"地方"组合而成，它是英国学者兼政治家托马斯·摩尔爵士（1478—1535年）在1516年撰写的一本书的书名。该书以柏拉图的《理想国》为蓝本，描述了一座虚构的岛屿，岛上有一个貌似完美的社会，呈现出欣欣向荣之势。基于这层含义，后来"乌托邦"一词被用来表达人们对于"理想城市"的憧憬。

文艺复兴时期乌托邦设想的起源有些出人意料：佛罗伦萨为抵挡炮火袭击而采用了星型格局的城市布局。这一布局后被广泛采用，其中最著名的是雕刻家菲拉雷特所提出的"斯福钦达"理想城市计划，这个构想收录于他在约1464年出版的《建筑论文集》之中。他设想中的这座城市呈十二芒星状，由一个外切圆包围，体现出15世纪人们对于几何的迷恋。菲拉雷特还从占星学角度提出建议，如何让城市的设计与天体运行之间达到和谐的统一。

　　下一波重要的乌托邦浪潮发生在19世纪，它的出现是为了回应工业化带来的弊端（1850—1928年）和潜力。英国建筑师埃比尼泽·霍华德在1898年出版的《明日：一条通往真正改革的和平之路》（1902年再版时改名为《明日的花园城市》）一书中，提出"花园城市"的模型，规划中的花园城市是同心圆模型，街道以圆心辐射开来（对页图），每座城市实现食物自给自足，是如今所提倡的可持续性城市的先声。

　　霍华德提出的设想产生了广泛的影响，至少对勒·柯布西耶产生了深刻影响。勒·柯布西耶在1935年出版了《光辉城市》一书，书中提出他对现代版理想城市的理解，他认为现代城市应以高楼大厦为基础，靠高架公路提供运输，并且应该有海洋般连绵无际的绿化，这些特点与受到工业化冲击的传统城市的弊端形成对比，他将后者形容为"瘤状巴黎"。但在此之前这些观点主导了1933年举行的"现代国际建筑会议"，会议讨论的主题是工业城市的需求。会议记录经勒·柯布西耶大幅修订之后，最终在1942年以《雅典宪章》之名发表，对战后重建发生了重大的影响。

　　现代主义流派后来陆续提出的各种乌托邦愿景，其中都反复提到一个主题，就是要将建筑简化成能够提供服务的有利基础设施。这让我们想起尤纳·弗莱德曼提出的"空中城市"（1958年），荷兰建筑师哈布瑞肯于1962年发表的《支撑结构：代替密集型建筑》所提出的看似更加务实，但技术上同属于乌托邦的住宅愿景，以及意大利建筑团体"超级工作室"提出的"连续纪念碑：整体都市化的建筑模型"，该工作室由阿道夫·纳塔利尼和克里斯蒂亚诺·托拉尔多·迪弗朗西亚于1966年共同成立。

　　近来，反对现代主义流派城市理念的建筑师希望让乌托邦愿景回到前工业时代，且常常是回归到古典时期的都市和建筑形式。莱昂·克里尔就是这一理念的先驱，他和其他一批建筑师一起，于20世纪80年代初在美国发起了"新都市主义"运动。

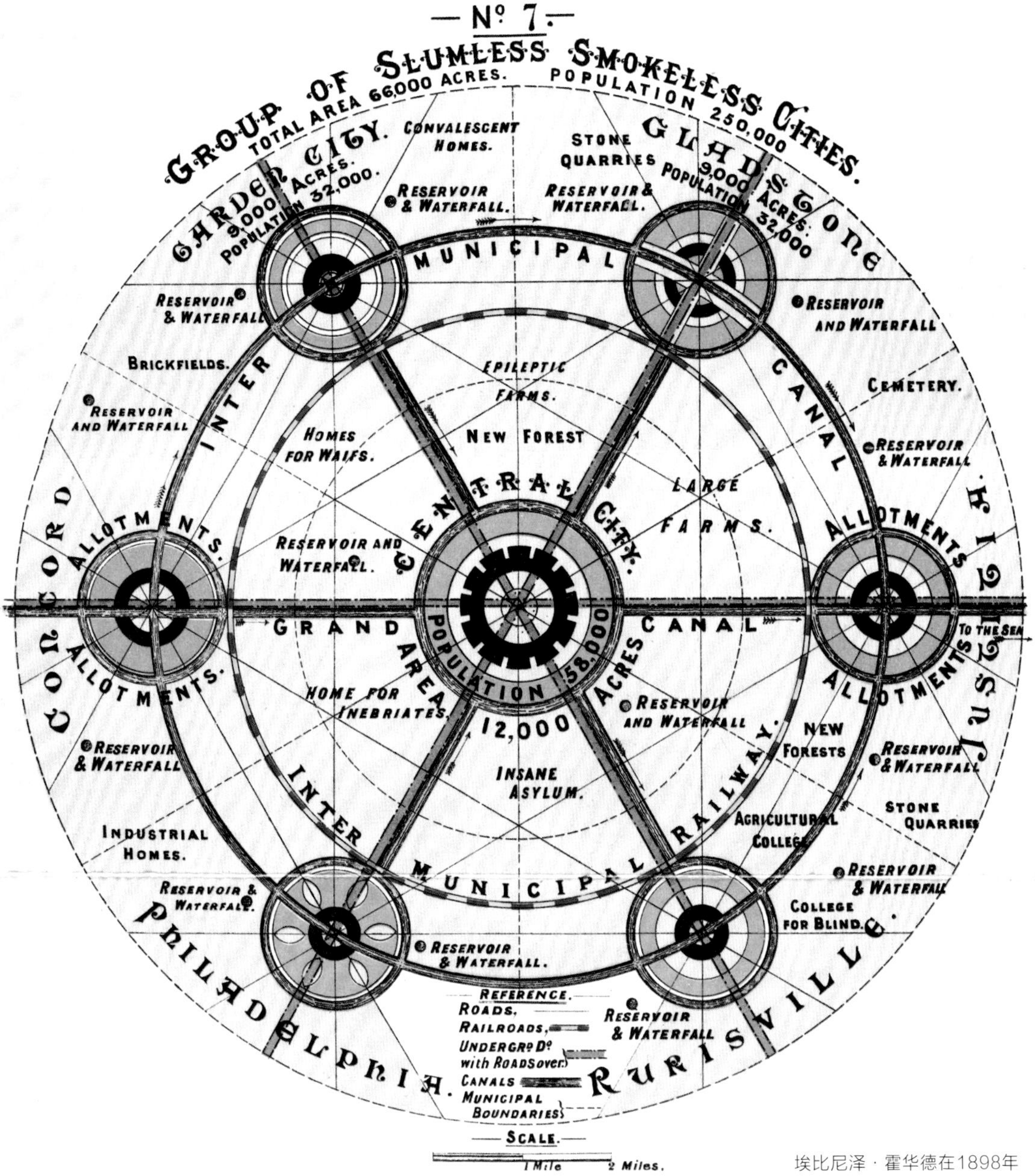

—N° 7.—
GROUP OF SLUMLESS SMOKELESS CITIES.
TOTAL AREA 66,000 ACRES. POPULATION 250,000.

埃比尼泽·霍华德在1898年提出了他理想中的"花园城市"模型，图中展示的就是他的想法，画面中的对称布局让人回想起早期的"理想城市"。他将这个构思作为对工业化给社会和环境所带来的破坏做出的回应。

时代或地方特色

观念 33

风 格

　　风格用来指某一特定时期的艺术或建筑所拥有的一套可识别的共同特征，这一理念其实是近现代才形成的。享有"艺术史之父"之誉的德国学者约翰·约阿希姆·温克尔曼（1717—1768年）提出一套影响深远的风格生命周期观念，他认为风格和生物一样，会经历诞生、成熟、衰退以及最终走向消亡的生命周期。

根据温克尔曼的观点，某种风格的成熟期或者所谓的"经典"阶段，能为该风格提供最清晰和最好的定义。不过，这个观点遭到海因里希·沃尔夫林（1864—1945年）的驳斥，他在广为人知的《艺术史原则》（1915年）一书中，根据不同时期对于相同形式元素的不同用法来界定特定时期的风格，据说为了呈现他的观点，他发明了如今在课堂上随处可见的对照组图。

　　艺术史学家阿洛伊斯-里格尔在《风格问题》一书中坚称，风格有它自己的"生命"，因此也就有它自己的历史。他反对戈特弗里德·森佩尔及其追随者的观点，他们试图把风格界定于特定的材料和技术之上，同时也反对艺术起源于模仿自然的老套说法。里格尔将风格的形成与外部因素的影响分离开来，他主张风格的变化来自内在的需求，暗示应该摒弃古典主义经常宣称的绝对美学规范，认为形式可以根据特定的内容来独立研究。

　　虽然在19世纪和20世纪早期形成的风格理念主导了通俗建筑史，但最近以来的思潮强调所有历史都是一种叙事或讲故事的方式。例如，美国哲学家贝雷尔·兰就曾写道，风格是一种"虚构，一种叙事形式，与文学修辞中的借代相关，每个特色都是其他所有特色的组成要素"。

　　起初建筑界试图将过去的建筑风格分门别类，这种做法提高了人们对于以往建筑的兴趣，两者的相互作用对建筑实践产生了深远的影响。例如，在19世纪40年代的英国，建筑师纷纷从中世纪各阶段以及伊丽莎白或都铎时期的建筑中吸取灵感，更别提各种版本的古典主义，包括在此前就曾被复兴过的古希腊和古埃及形式。这种样式混杂的趋势让人越来越担心19世纪很可能会没有"属于该世纪的风格"，而且随着"时代精神"这一哲学思想的日益普及，这种担忧变得越发强烈。

　　虽然许多建筑师很享受这种可以随意选择风格的自由，有些人甚至会为同一个方案设计出不同风格的立面，但另外有些建筑师，例如英国的奥古斯都·威尔比·诺斯摩尔·普金和法国的维欧勒-勒-杜克则偏爱更加有机的观点，他们试图将设计的基础奠定在对于材料和建筑方式的合理利用之上。两人都认为，中世纪的哥特式教堂是体现这种理性的典范，这就进一步推动了维欧勒-勒·杜克认为新材料——诸如铸铁和锻铁——必然会创造出一种全新的风格。

追随帕拉第奥式的古典范例

观念 34
帕拉第奥主义

帕拉第奥对于理想别墅的构想在圆厅别墅（上图）上得到了淋漓尽致的体现，并对日后的住宅设计产生了极大的影响力，例如百灵顿伯爵大屋（1726—1729年，对页上图）及公共建筑。又如弗吉尼亚大学图书馆的圆形大厅（1822—1826年，对页下图），这所大学最初的建筑是由美国前总统杰斐逊亲自设计规划的。

意大利威尼斯人帕拉第奥（1508—1580年）是唯一一位让自己的名字成为某种公认建筑风格的建筑师。他的作品精确地诠释了古希腊和古罗马神庙建筑的形式原则，更随着《建筑四书》的广泛传播，影响力也随之扩展到全世界。

帕拉蒂奥的《建筑四书》包含建筑实务方面的建议和设计的条理规则，尤其重要的是，还包括古罗马建筑和帕拉第奥亲手设计的建筑测绘图。书中介绍了如何将神庙的正面运用在住宅和普通建筑之上（有人觉得这是对神灵的亵渎），还介绍了所谓的"帕拉第奥窗"。这种窗户包括一扇中央大窗，大窗户的上方是半圆拱，拱座带有小型楣梁，拱座下方左右各有一扇小窗，两侧边框有壁柱。帕拉第奥窗又被称作"威尼斯窗"或"瑟利安窗"，事实上，早在这些公认的"出处"之前，这种窗户就受到建筑师多纳托·伯拉孟特的偏爱，并将其使用在罗马建筑中。

帕拉第奥作品的影响力在16世纪遍及全欧洲，尤其在英国大行其道，反倒是充满活力的意大利巴洛克风格在英国不讨喜。其实早在1616年，英国建筑师伊尼戈-琼斯在设计规划格林威治的女王宫时就率先采用帕拉第奥风格，但是帕拉第奥主义是在一个世纪之后才真正活跃起来。18世纪很多出版物都大力宣扬帕拉第奥主义，其中最有影响力的包括科伦·坎贝尔的《英式维特鲁威风格》（1715年），以及由贾科莫·莱昂尼和尼古拉斯·杜波依斯在1715—1720年合作翻译完成的英文版《建筑四书》。科伦·坎贝尔的著作受到那些富有雇主的欢迎，他为这些富豪建造了若干栋乡间宅邸，包括极具影响力的斯托海德宅邸（参见第84页图），里面的花园是当时最著名的花园之一。

帕拉第奥主义得以广泛传播是因为一位核心人物——伯林顿伯爵三世理查德·博伊尔，以及他的门徒威廉-肯特。二人联手开创了后来所谓的"英式景观园林"，目的是为了对伯林顿厌

恶的一统天下的法式庭院进行还击。柏林顿伯爵在1729年设计的自住宅百灵顿伯爵大屋（对页上图）便是对帕拉第奥的圆厅别墅的重新诠释，而大量舍弃装饰正是英式帕拉第奥主义的主要特色，这在诺福克的候克汉厅上也可以体现出来。肯特在候克汉厅上的一个设计确立了另一个常见特色：附属侧厅几乎和主屋一样重要。

帕拉第奥风格在美国同样具有很大的影响力。美国总统兼业余建筑师托马斯·杰弗逊（1743—1826年）将《建筑四书》奉为他的建筑圣经。他根据书中的原则，设计他的家庭住宅蒙蒂塞洛庄园和弗吉尼亚大学图书馆的圆形大厅（对页下图），后者至今依然是北美最杰出的建筑群之一。美国南方的种植园宅邸通常也是采用帕拉第奥风格，而且往往是根据建造者之间流传的版画作为蓝本，由于气候关系，这类大宅的神殿式门廊自然成为最引人注目也最实用的焦点。随着华盛顿特区的白宫（1792—1800年）也采用了爱尔兰变体版的帕拉第奥主义，此种建筑风格便与美国的民主形象联系起来。

帕拉第奥主义将庙宇的正面设计引入普通住宅和俗世建筑中。

室内交通通道

观念 35

走　廊

路易斯·康曾说："客户是从实际使用的角度来思考，走廊对于他们来说就是走廊，建筑师却在为走廊的设计寻找各种理由。"令人惊讶的是，尽管在现代建筑中走廊随处可见，但在建筑史上它却一直到1600年左右才首次出现。在此之前，房间要么以套房的形式彼此相互连接，要么则是通过共通的大厅相连。

顶图：英国贝德福德郡的沃本修道院在18世纪经过弗利克洛弗特和霍兰德大量重建，房间之间的纵线连接很快就被独立的走廊所取代。

上图：建于15世纪的英国特雷迪加宅邸在17世纪全面重建，并于19世纪利用图中的走廊网格重新调整布置，以满足家人对隐私保护的要求。

走廊规划的第一个案例出现在1597年由约翰·索普设计的伦敦博福特宅邸。1630年之后，走廊在豪宅的设计中变得尤为普及，对于富人们来说，走廊是将家庭成员、客人、管家和仆人的居住空间分隔开来的有效途径。1630—1657年之间，罗杰·普拉特爵士设计并修建的位于英格兰伯克郡的科尔斯希尔宅邸，示范了如何将入口门厅、开放式的大楼梯、走廊和后楼梯这些各自独立的通道结合起来，同时还设计了沿着平面横穿房间的中央大厅，这样一来就可以沿着通道进入不同的房间，同时也把仆人和主人分隔在不同区域。主要房间彼此相连形成纵向排列，走廊顺着房间平行延伸，形成一种全新的阶层区隔。

走廊不只可以隔离不同阶层，还有助于保护人们日益重视的隐私，以及将公共场所转变成私人空间，从而为现代人"拥有自己的房间"和躲开其他人的渴望奠定了基础。尽管如此，在18世纪，家人的房间通常还是彼此相连的，一直到了维多利亚时期的大家庭理想居所概念的形成，住宅规划才开始根据路径和用途来组织，从而成为20世纪许多"功能性"建筑规划的先声。这类建筑里充斥着毫无生气的、人工照明的走廊，例如对页图所示的场景。

罗伯特·克尔是对走廊发展影响最大的建筑师。他和前辈莱昂·巴蒂斯塔·阿尔伯蒂一样，讨厌一团混乱的家庭生活，里面充斥着仆人、小孩的哭闹和"女人的聒噪"。但不同的是，阿尔伯蒂依靠钥匙和锁、房门，以及房间与房间之间的距离来保持某种程度的安静，克尔则偏好于依靠功能越来越清晰的分区进行房间规划，根据年龄、社会阶层和性别做出区隔，然后通过复杂的通道网格来组织安排，让每个房间既能保有个人隐私，同时也能方便其他人进入。这种"通道式"平面规划在1864年落成的伯克郡贝尔伍德乡村大宅中表现得最为淋漓尽致，这也是克尔最具雄心的一个设计项目。

走廊式平面创造出一个路线网格。这可以防止在房间内部或者相邻房间之间进行的事件受到干扰，而这种干扰正是互连式的房间布局所无法避免的缺点。与此同时，这种设计还可以确保最高效地到达房间最远的角落。讽刺的是，走廊虽然使房间与房间之间的交流越来越方便，却反倒减少了人与人之间的接触。

尽管走廊在很多复杂的现代建筑中无处不在，诸如办公楼、学校和医院，但是走廊出现在建筑中却相对较晚，始于17世纪。

阿尔瓦·阿尔托设计的玛利亚别墅（1937—1940 年）中的桑拿房既有来自日本茶室的设计灵感，同时也想唤起人们对于芬兰传统木屋的记忆：它的"原始"灵光让人产生"回归自然"的渴望，而这正是桑拿体验的一部分。

古代建筑的原型

观念 36

原始小屋

建筑史上最著名的"原始小屋"出现于1755年，是洛吉耶神父《建筑论文集》第二版的开篇插画，目的是为了说明希腊神殿的"自然"起源。

"原始小屋"的概念出自维特鲁威的《建筑十书》，但它在建筑理论上所取得的地位应归功于洛吉耶神父在1753年出版的《建筑论文集》。洛吉耶倡导古典柱式所使用的"真实"结构，主张回归建筑的源头来对建筑做一次大净化。

正如洛吉耶在《建筑论文集》一书插画（右上图）中所描绘的那样，他用近乎自然的四根树干结构来呈现建筑的起源，四根树干生长的位置恰好圈出一个近似长方形的平面，接着以原木作为过梁，并用树枝搭建出最基本的斜屋顶。

洛吉耶认为这种原始小屋是所有伟大建筑的原型，其中最显而易见的就是希腊神殿，这种观念促使考古人员试图找到早期的例子，证明柱式结构是出于建造的需要，而不是为了给墙壁增加装饰效果——尽管后来的罗马和文艺复兴建筑使用柱式样设计很大程度上是为了装饰墙面。恰巧这时就在意大利的佩斯图姆发现了原始的希腊神殿，于是原始小屋的地位就被新古典主义的拥护者提升到了一种建筑类型。洛吉耶这种"回归根本"的想法和主张改革的现代主义建筑师一拍即合，后者让建筑甩开风格的包袱，并且呼吁用"理性"的方式来表现结构。

除了维特鲁威开启的故事之外，原始小屋在很多文化中被当成文明生活时期过度浪费的对立面。希腊怀疑主义者第欧根尼（公元前412—前323年）就是著名代表，他经常衣衫褴褛，住在木桶里（其实是一个大陶罐），而17世纪日本俳句诗人松尾芭蕉的崇拜者为他修建了一处简陋的居所，该居所是根据远东地区三千年来将原始小屋当成诗歌或哲学基地的传统而建的。同一时期，以日本当地乡土建筑为模型的数寄屋（大型茶室）风格也开始大行其道，以此反对幕府将军的奢华无度。

在北欧和东欧，乡村的度假小屋，比如俄罗斯的"乡村别墅"，长久以来一直被视为是从城市回归自然的宝贵途径。美国作家亨利·戴维·梭罗（1817—1862年）在一栋极其简朴的小屋里完成了两年的生活体验。居住和工作在乡间小屋的德国哲学家马丁·海德格尔在现象学方面提出的观点，对建筑理论产生了广泛影响，正如亚当·夏尔指出的那样，海德格尔传承前辈留下的传统，包括"弗里德里希·荷尔德林曾经居住在图宾根的塔楼，歌德生活在魏玛那栋风景如画的花园小屋，以及尼采居住在瑞士阿尔卑斯山希尔斯玛利亚小村中的山中疗养之家"。从精神实质上来看，这些前辈的做法和现代人迷恋不起眼的花园小屋，把那里当成写作或追求爱好的所在的想法如出一辙。

原始小屋传统在现代最杰出的尝试就是勒·柯布西耶为自己设计的唯一一栋房子：位于卡普马丹的乡间小屋。它是由两间木造房间组成的度假小屋（1954—1957年），居住空间使用原木，工作室则采用木条板。他把小屋命名为"工地棚屋"，因为它是以建筑工地上的工人棚屋作为模型，但其精致细腻的细节处理足以和最精美的数寄屋茶室相媲美。

地方的精神所在

场所精神

在古希腊和古罗马，许多神祇都有专门的神龛、树林和泉水，如果某个神灵没有名字，古罗马人就将其称为"地方神灵"。当时这个词仅限于指地方的守护神本身，而非后来所指的深深植根于地方之中的自然氛围或环境特质。

建筑中"场所精神"的概念源自古罗马，后来进入了英语语言之中，但它的起源其实更早。例如，在古埃及尚未形成王朝统治之前，大自然的力量就与特定的神祇联系起来，神庙的轴线也必须与太阳的路径或者其他自然象征一致。

目前在建筑和景观设计中随处可见的"地方精神"或"场所感知"的概念，则可以追溯到英国诗人亚历山大·蒲柏。他在献给英国帕拉丁主义的倡导者伯林顿伯爵三世理查德·博伊尔的《书信四》中劝告新兴景观园林艺术的新秀们：

> 要全面思考场地的天赋/它决定了河流起伏/它决定了山川绵延/它在溪谷挖出弧梯剧场/它在乡间歌唱并开启林间空地/它汇入令人愉悦的森林/树木变化不同深浅的树荫/时而中断时而引导着线条/种植就像在作画/工作就是在设计。

蒲柏的忠告不仅仅得到了以"能人"布朗和汉弗莱·雷普顿为代表的景观园林艺术家的遵从，也被风景如画派建筑的倡导者约翰·纳什和弗兰克·劳埃德·赖特等人以含蓄的表达方式接受。他的劝告为景观建筑界公认的原则打下基础，最后甚至发展成某种形式的景观"功能主义"，认为通过有系统的场地分析，就可以很大程度上决定最终的"设计"。这种主张是由城市规划师帕特里克·盖迪斯率先提出，后来由建筑师伊恩·麦克哈格充分发挥，在他影响力广泛的《设计结合自然》（1969年）一书中提出一种系统的设计方法，将地形、气候、生物和地理等"自然因素"与土地利用和居住类型这类"人文因素"结合起来。

在建筑领域，呼应场所精神的想法得到了广泛的响应。意大利新理性主义的几位核心人物，包括阿尔多·罗西和乔治·格拉西，都从他们所认为的"科学"角度去解读建筑场所的历史，并以此作为他们建筑设计的基础。而在瑞士提契诺兴起的所谓"趋势"运动，旨在努力将当地明显可见的"趋势"延续下去。例如，马里奥·博塔位于圣维塔莱河的私人住宅（1971—1973年），会让人想起塔楼似的乡村住宅，这种住宅在当地曾经是最常见的住宅形式，而它所采用的建材也反映出当地农舍的砖石传统。

如今对于场所精神的关注很大程度上会和更广义的后现代理念联系在一起，它更加强调环境的重要性，尤其是从现象学衍生出来的哲学概念，这在克里斯蒂安·诺伯格–舒尔茨所著的《场所精神：迈向建筑现象学》一书中得到充分体现，他在书中呼吁建筑应该同研究地球表面的地质学、研究天空与光线的"宇宙论"，以及现在文化地景中的象征意义与存在意义都产生联系，这些对于人类"住所"来说都是非常基本的考虑因素。

考虑场所所具有的全部天赋。

"场所精神"的概念给许多建筑师带来了灵感。瑞士建筑师马里奥·博塔谈到所谓的"打造场所"时说，他在圣维塔莱河设计的私人住宅（1971—1973 年），既是一座可以享受当地风景的瞭望塔，也在形式上对山区地形做出了回应。

作为舞台布景的建筑

纳什在设计伦敦摄政街时（1811年，后来全部重建），以风景如画派的原则为基础，运用对称的宫殿式古典立面，创造了一种布景式的构图。

观念 38

透视画法

　　严格来说，"透视画法"指的是为剧院演出而制作布景的实务。这个词本身起源于希腊，是两个希腊词的组合，其中"skini"，意思是舞台；而"grapho"，意思是书写或者描绘，不过运用在建筑上时，它指的是透视图或者布景画。

文艺复兴早期有关舞台布景最著名的阐述来自塞巴斯蒂亚诺·塞利奥于1545年出版的《论建筑》一书，书中描绘了维特鲁威所说的悲剧、喜剧和讽刺风格。帕拉第奥辞世后才完工的维琴察奥林匹克剧院（1579—1585年，对页图），也从罗马剧场中得到灵感，他在这件作品里重新引进前台布景——这是现代拱形舞台前部的起源，既作为戏剧化表演的建筑布景，也作为根据透视投影原理构建出来的幻景的景框。

　　源自剧院的建筑效果逐渐延伸到真实的建筑世界。例如，巴尔达萨雷·隆盖纳设计的位于威尼斯大运河入口处的大师级巨作——康圣母教堂（1631—1687年）就没有依照严格的内在逻辑去布置大众熟知的文艺复兴古典元素，而是根据透视法的原理配置排列，在合适的位置就可以看到独特的透视效果。

　　巴尔达萨雷·隆盖纳如今被广泛誉为布景式建筑类型的鼻祖，这种建筑风格后来成为18世纪晚期巴洛克的招牌特色，而19世纪的都会整体效果也是按照这种方式来设计的。例如约翰·纳什设计的伦敦摄政街（上图），那些连续的宫殿立面都经过仔细计算，确保以锐角角度透视观看时，从视觉效果上就像看到了一系列活动的情节。这种方法被同风景如画派的设计传统联系起来，这一画派始于18世纪的英式景观园林，尽管风景如画派的创始者坚持不对称原则，并反对纳什在许多建筑作品中所提倡的文艺复兴价值。

　　近来，一些建筑评论家在批判正统的现代主义者过度执迷于把形式建立在功能需求和营造逻辑之上时，他们采用"透视画法"一词作为一种取向。摩尔、林登、

安德里亚·帕拉第奥设计的维琴察奥林匹克剧院（1579—1585年），是以罗马建筑为模型，努力尝试创造出街道逐渐消失在远方的完美幻象。剧院的舞台设计是在帕拉第奥于1580年去世之后，由文森佐·斯卡莫齐完成。

始于剧院建筑中的特有建筑效果后来被延伸运用到普通建筑中。

特恩布和怀特克所组成的MLTW建筑事务所设计的很多晚期案例，例如为美国加州大学圣克鲁斯分校设计的克雷斯杰学院（1972—1974年），显然是把建筑当成了公共生活的"舞台"。而罗伯特·文丘里在分析拉斯维加斯大道和装饰性棚架的概念时，受到启发从而撰写了《迈向今日的布景式建筑》一文，可以与勒·柯布西耶的现代主义建筑经典著作《走向新建筑》的书名相呼应。

但更常见的情况是，"透视画法"一词已带有负面含义，暗指外观与建造的实质彼此脱节，这在后现代建筑上体现得更为典型。例如，支持"批判性地域主义"的美国建筑评论家肯尼思·弗兰普顿，便强烈谴责"将建筑降格为布景街，使用非常不必要的或拙劣模仿的方式假借历史主义的装饰图案"。这种趋势的最佳写照，莫过于迈克尔·格雷夫斯设计的波特兰公众服务大楼（1980年，参见第168页图），在现代建筑上再现了巨大的壁柱与拱顶石。芬兰重要建筑师兼评论家尤哈尼·帕拉斯马同样反对政府的城镇规划部门企图用布景式的建筑来促进地方的历史风格，认为那只会产生"多愁善感的地方主义"。

位于英国威尔特郡的斯托海德花园建于18世纪40年代，由庄园的所有者亨利·霍尔二世亲手打造。霍尔以他在意大利旅行期间所看到的理想主义风景画作为蓝本，设计了这座花园，也为后来的风景如画派美学奠定了基础。

风景如画派游离于两种古老的审美形态之间：优美和崇高。

"宛如图画似的"布局

观念 39
风景如画派

唐顿城堡（由其所有者理查德·佩恩·奈特设计，并最终在1778年完工）采用不对称的自由式布局，大量使用塔楼结构，让人回忆起中世纪的城堡，被认为是最典型的风景如画派建筑。

1782年威廉·吉尔平在《瓦伊河观察》一书中，介绍了已经发展成熟的风景如画派理念，即要符合"风景如画"的景色标准，就需要具备崎岖不平的、错综复杂的、变化万千和支离破碎的特点，绝对不能出现一眼望穿的直线，而要展现出宛如图画似的布局。

克劳德·洛兰和尼古拉斯–普桑的绘画作品为所谓"风景如画"的景色提供了样板，在他们的画中，常用破败的修道院或城堡来增强效果。如果没有现成的破败景致，最常见的做法就是搭建出一个场景，故意弄成残垣断壁的模样。

奥古斯都·威尔比·诺斯摩尔·普金在1841年于伦敦出版的《尖拱建筑或基督教建筑的真实原理》一书中写道："将一个随便的平面图转化成立体建筑时，建筑师需要使用一定的技巧，才能在此过程中解决困难，使建筑成为风景如画的美景。"

而所谓"随便的"平面图，通常会背离大多数建筑所遵循的对称原则。为了得到更多建筑师的赞成，奥古斯都·威尔比·诺斯摩尔·普金援引了一种美学理想，这个理想是源自"能人"布朗（1716—1783年）编撰整理的英式景观园林。

风景如画派游离于两种古老的审美形态之间：优美与崇高，而对于该流派的夸张，英国小说家简·奥斯汀在《诺桑觉寺》一书中进行了嘲讽。奥斯汀在描述女主角凯瑟琳·莫兰所接受的美学教育时写道："她真是一位前途光明的学者，当他们爬到比奇克利夫山顶的时候，她会自愿放弃整座巴斯城，因为它根本够不上风景如画的标准。"

感性的风景如画派的兴起与两种更宽泛的文化潮流有关，一是对于过往历史的兴趣同其他一些因素一起促成了哥特式的复兴，二是对于原始文化和异域文化的迷恋，特别是对中国文化的兴趣，以及在吉尔平的旅游指南出版之前就完工的第一栋风景如画派建筑。该建筑于1774年就由理查德·佩恩·奈特着手兴建，地点位于斯罗普郡和赫里福德郡的交界处，他将建筑命名为唐顿城堡（上图）。它最初就被设计成不规则形状，后来也成为建筑发展史上的重要里程碑。

建筑界最彻头彻尾的风景如画派实践者或许是约翰·纳什，他为伦敦摄政街所做的透视画法规划，引用建筑史学家约翰·夏默生的话来说，创造出"梦幻般的宫殿，充满宏伟、浪漫的构想，就像建筑师在假日素描本上信手拈来的画面。从远处看，宛如镶嵌在绿色的花饰窗格中，又或许是类似秋日的阳光，它们彰显出建筑的荣光，甚至令格林威治显得黯然失色，让汉普顿宫显得土里土气"。但夏默生随后也指出：这些特质在公共建筑后方绵延的普通建筑上并没有那么明显。

虽然风景如画派夸张到近乎荒谬，但它确实给后人留下了丰厚的遗产。它推动了花园城市运动的兴起，因为它深信随时可以感受到乡村生活的气息是一件很重要的事情；它让"随意的"或不规则的平面原则得到推广，并通过艺术与工艺运动对现代主义的功能性平面做出了贡献。此外，它还鼓励建筑物应该有机地与其所处的环境和场地"相适应"。

角拱建筑的真实原理

观念 40

哥特式复兴

哥特式复兴最浪漫的代表作品就是位于威尔士的卡迪夫城堡，以及位于它北边几英里之外的科奇城堡（1871—1891年，上图）。两座城堡都是受布特侯爵的委托，由威廉·伯吉斯设计。

在艺术史上，哥特式指的是一种风格，它起源于12世纪晚期的法国宫廷，后来扩散到全欧洲，而且一直稳定持续到16世纪。哥特式建筑的特色是基于尖肋拱顶和飞扶壁为基础的巨大结构创新。哥特式建筑在18世纪末再度兴起，进而催生了19世纪的哥特式复兴。

哥特式最初被称为"法国样式"，意大利文艺复兴时期的评论家乔治奥·瓦萨里在14世纪30年代提到哥特式的时候则带有贬义色彩。尽管有些史学家认为哥特式从未消失过，而是在石匠艺人的手中得以传承，但通常还是认为哥特式曾在17世纪和18世纪的大部分时间处于消亡状态，直至18世纪晚期才再度兴起，尤其受到风景如画派拥护者的偏爱。作家霍勒斯·沃波尔（1717—1797年）算是这方面的先驱，他于1748年购买了伦敦附近特威肯汉的草莓山庄（对页图），并亲切地称其为"小玩具屋"，随后将其改造成哥特式风格的城堡。他雇用的设计师约翰·丘特（1701—1776年）和理查德·本特利（1708—1782年）创造了一种兼收并蓄的风格，兼顾了角楼和城垛的特点，这种风格源自城堡和基督教的哥特式风格。

沃波尔的梦幻宅邸在提升人们对于哥特式建筑的兴趣方面产生了重要的影响，但是对于19世纪羽翼丰满的哥特式复兴来说，其最初的起源整体来讲则更加严肃。从意识形态的角度来看，它同改革主义的牛津运动有关，该运动提倡英国国教天主教派的所谓"高端"礼拜仪式，在建筑领域则代表忠于对结构和材料的"真实"表达。例如，奥古斯都·威尔比·诺斯摩尔·普金在1841年出版的《尖拱建筑或基督教建筑的真实原理》一书中提到，"对于设计来说最重要的两个规则是：首先，建筑不应该带有那些从便利性、建造或礼仪的角度来说不必要的特点；其次，所有的装饰都应该是建筑构成的必要部分"。他进一步指出，"中世纪的建筑师最早做到了充分利用不同建筑材料的天然特性，让所使用的工具和材料成为他们艺术表达的手段"。

这些观点在约翰·拉斯金大篇幅的文章中得到了呼应，尽管他否认受到奥古斯都·威尔比·诺斯摩尔·普金的影响。法国同时期最伟大的理论家维欧勒·勒·杜克认为，"根据材料的材质和特性来使用材料对于保证建造过程的真实性来说至关重要，而真实性是建筑的基础"：他试图展示出可以最好地利用石头和铁等混合材质特点的结构原则。尽管如此，维欧勒·勒·杜克作为作家身份的名气要远大于作为建筑家，他的影响力主要来自他的著作，其中之一就是总计10章的《建筑词典》，该书实际上可以被称为法国哥特式建筑的史书，另外就是根据他的演讲稿整理出来的两卷出版物。弗兰克·劳埃德·赖特将维欧勒·勒·杜克的演讲稿推荐给他的儿子约翰·劳埃德的时候就这样评价道："在这几卷演讲稿里，你可以找到你所需要的全部建筑学派。"维欧勒·勒·杜克可以毫无争议地堪称"首位现代建筑领域的理论家"。他认为哥特式建筑应该"忠于"建筑材料的观点，在很大程度上促成了一个信念的形成，那就是新建筑将来自对工业材料的严谨表达，新艺术运动和早期的现代运动尽管有所差异，但都表达了同样的理念。

霍勒斯·沃波尔在1748年买下草莓山庄之后，就着手进行大规模的改造。对于建筑外立面，他以中世纪的城堡为模型；对于建筑内部，他则采用了英式哥特风格，如图中的扇形拱顶。草莓山庄如今被认为是19世纪最典型的哥特式建筑的先驱。

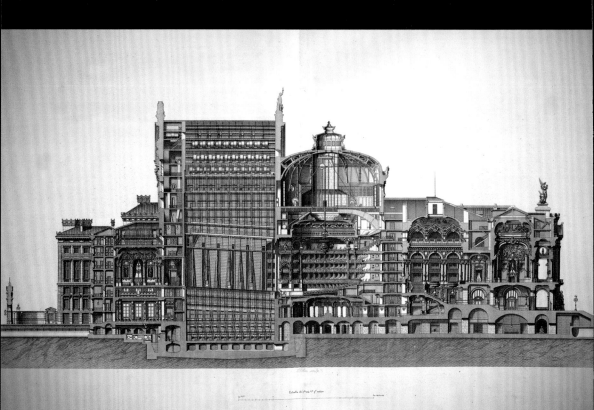

Estudio de nivel nº gº metros

布杂建筑艺术教育影响深远，在 美国尤为突出。

查尔斯·加尼叶设计的巴黎歌 剧院（1857—1874 年），是布杂 艺术风格最宏伟的建筑之一，这种 风格在 19 世纪中期主导了法国的 建筑界和建筑教育。

以装饰丰富和手法严谨为特色的学院样式

观念 41
布杂艺术

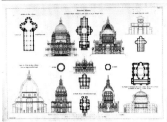

> 布杂艺术指的是19世纪的一种建筑装饰风格, 1648年巴黎学院派在布杂艺术基础上发展起来, 并建立起相关的教育机构。

1671年, 法国财政大臣让-巴普蒂斯特·柯尔贝尔与建筑师弗朗索瓦·勃隆台共同成立了皇家建筑学院。拿破仑三世在1863年同意让建筑学院从政府部门独立出去, 然后与其他学院合并组成了法国美术学院。

美术学院专注在古典艺术和建筑方面的教育, 课程分为绘画雕刻和建筑两大类。学院同时将建筑和建造实务区分开来, 建造实务主要由法国国立桥路学校和国立理工大学负责教授, 后者至今依然是全世界最大的工程院校之一。

事实证明, 布杂艺术教育体系影响极为深远, 特别是在美国, 自1892年麻省理工学院成立之后, 许多大学就在它的带领下采用布杂学院的教育方式, 并聘请该校的毕业生担任教师。一些美国顶尖的建筑师都曾在巴黎接受教育, 其中包括理查德·莫里斯·亨特、查理斯·佛伦·马吉姆 (他与另外两位建筑师成立了McKim, Mead and White建筑事务所) 以及亨利·哈柏森·理查森。而1893年在芝加哥哥伦布纪念博览会上备受赞扬的 "白色城市" 则被认为是布杂艺术的胜利。美国许多大学, 包括纽约的哥伦比亚大学、麻省理工学院和加州的伯克利大学, 都是由布杂艺术的领军人物设计的。此外, 好几座重要的火车站, 例如著名的纽约中央火车站, 也由他们主持设计。

和布杂艺术装饰华丽的古典主义学院风格具有同样影响力的, 是学院派的教学方法。学生被分配到由执业建筑师经营的工作室学习, 工作室与现代的 "单元系统" 相呼应, 这种教学方法的核心是草拟图稿或者说基础设计草图。学生们需要在一小段时间内 (通常少于10个小时), 在不参考任何书本或者建议的情况下, 在狭小的私人隔间里工作, 草拟图稿的关键是选择合适的主题, 类似于如今所说的 "组织想法" 或者绘制图解。

可以选择的主题是很有限的, 而学生在绘制各自的草图时, 会用到各式各样形式化的技巧, 最初是基于功能主义的分布概念, 以维特鲁威的理念为模型, 后来则发展出更为包罗万象的布局概念。"口袋" 是学院派设计的一大特色, 指的是在建筑的实体结构内部的间隙中空出一个 "口袋", 用来模塑空间, 但它对于结构的稳定性来说并非不可或缺的因素。建筑师路易斯·康的服务性与使用性空间的概念, 很可能就是从 "口袋" 的用法延伸而来, 他本人曾在宾夕法尼亚大学接受过学院派系统的训练。

学生最终提交的作品, 必须以水彩画绘制出高度精细的大型建筑图, 通过光线说明他们如何模塑空间和形式。他们通常会在最后一分钟把建筑图装在手推车 (一种有轮子的推车, 后来演变成速写设计或短篇竞赛的代称) 里, 送给评审团审查。如果评审团判定最后的设计图与原始的草图不符, 就会遭到淘汰, 也就是无法计入毕业时的学分。

工业革命的奠基材料

观念 42

铁

1851年，水晶宫在6个月内建造完成。它是利用在"建筑工地外"预铸的铸铁、锻铁与玻璃构件打造而成的一项工业力作，其规模和速度至今仍未被超越。

早在公元前12世纪，人们就懂得将铁熔化来制成武器，但是铁的大规模生产并广泛用于建造建筑物，却一直等到工业革命时代才得以实现。

铁的大规模生产始于18世纪早期的英国，并在18世纪70年代进入建筑领域。制造锻铁的冶炼程序是在1784年发明的，当时一名熟练技工每天大约能生产出1吨铁，这种滚压技术后来又套用到了随后出现的钢的生产中。这种技术最初是用来制造铁轨，后来用来生产结构建材。

铁是棉纺厂和仓库这类工业结构的理想材料，铁加上砖砌外墙可以造出多层楼的防火建筑。到了19世纪中叶，正如苏格兰作家兼改革家塞缪尔·斯迈尔斯（1812—1904年）在1863年所写的那样："（铁）不仅是其他所有制造业的灵魂，或许更是文明社会的主力发条。"法国建筑师兼理论家维欧勒·勒·杜克也指出："进步的关键在于跟工业材料达成妥协。"对于那些主张将建筑视为建造艺术而非抽象形式或空间艺术的人而言，铁正是望穿秋水盼来的可以用来表现时代精神的先驱。从室内市集到温室以及火车站，铁的无穷潜力彰显得异常充分。虽然这些都是工程师设计，在许多人眼中并不能被称为"建筑"的建筑物，但其无可否认地让人印象深刻。

第一栋完全外露的铁构造的公共建筑于1850年在巴黎落成，它就是亨利·拉布鲁斯特设计的圣日内瓦图书馆（对页图）。虽然它的铁质圆形拱顶采用的是传统形式而且布满了各种装饰，但依然是对人们期望值的一个巨大挑战。尽管如此，对许多人来说，要把铁吸收到建筑里会导致一系列的审美问题。德国建筑师路登戈·波斯特受到广受欢迎的共情理论的启发，进而怀疑采用铁作为材料是否能产生新的建筑风格。他写道："我们传统的风格原则，正是植根于我们对于石材这种坚固材料的经验之上，而且人类和石材已经达到了和谐一致。这些法则决定了我们的所有需求能否实现，而一直到目前为止，唯有石材能够满足这一切。"

为了和这种理论相抗衡，德国支持铁作为建筑材料的先锋人物爱德华·梅茨格撰文表示，虽然他能理解"对于那位拥有雕刻家心灵的建筑师而言，铁构建筑的确是可憎的事物"，但不管怎样，铁的"细长优雅的轮廓挺直向上，以及根据不同情况需要自如地选择坚固或者细腻"，都在向世人展示，铁必定会开创一种新的美感。德国美学家卡尔·波提舍在他总计三卷的《希腊建筑的构造》（1843—1852年）里对希腊构筑形式的美感进行了分析，他也宣称铁是未来的建材，暗示希腊和哥特式风格即将"寿终正寝"，铁已经为"第三样式"打下了基础。尽管伦敦水晶宫（上图）和巴黎埃菲尔铁塔取得了令人印象深刻的成就，但新的样式真正要成形，还是依赖于另一种材料来克服铁在张力上的弱点，那就是后来出现的钢材。

亨利·拉布鲁斯特设计的圣日内瓦图书馆于1850年在巴黎落成，它首次把出现在公共建筑上的外露铁架构造与传统样式的拱顶结合起来。

福斯特建筑事务所设计的香港汇丰银行（1979—1986年）总部是用一连串的外桁架将楼板悬吊起来，这一设计将钢材的抗拉强度运用到极限。

现代构架的材料

观念 43

钢

没有任何建筑比纽约帝国大厦（1930—1931年）更能彰显出钢构造的潜力：这栋102层的高楼在长达40年的时间里一直稳居世界第一高楼的宝座。但令人惊讶的是，整个修建过程总共仅用了14个月的时间。

钢的强度让芝加哥最早的高层建筑有了发展的可能，第一栋全钢结构的建筑于1891年落成，是由威廉·勒巴隆·詹尼设计的拉丁顿大楼。欧洲的情形则相反，与美国的高楼几乎都是采用全钢结构相比，欧洲高层建筑至今依然普遍使用钢筋混凝土。

1855年英国工程师亨利–贝塞麦爵士为一项简单但深具革命性的概念申请了专利：通过将空气喷入液态生铁从而让铁水纯化。在此之前，钢的产量极少，只能用于锻造刀剑的刀刃这类特殊用途，但是这项专利实现了钢材的工业化生产。钢通常被用在压力情形下，因此对于负载很轻的低层建筑来说，钢材并不具备经济意义，但对于摩天大楼这种规模的建筑，则凸现出其经济效益。

如今，轧钢、拉钢和空心钢在建筑中以各种不同的规格出现，从基础结构、镀层和门窗系统，再到各种不同的固定方式。而钢筋和钢网则是钢筋混凝土建筑的基本材料。钢的性能也很容易被调整，经过多次滚轧的钢板、型钢或拉丝，强度都会大幅提升；增加碳含量可以让其张力强度提升两到三倍，但其脆度也同样提高；加入镍和铬就可以生产出不锈钢。

不过，大多数的钢材都有两大主要的缺点：第一缺乏耐火性，第二容易生锈。后者必须通过镀锌或涂层（在钢材表面涂抹油漆、塑料膜或其他材料），前者的解决方法则是将钢材包进砖石、混凝土、轻质内层，或者是涂上类似于油漆的厚厚一层发泡性防火涂料。但是包裹和涂层，对那些主张"忠于材料"的建筑师而言，都是有问题的。密斯·凡德罗在他设计的芝加哥湖滨公寓（1948—1951年）里采用了"装饰性"的I型钢，象征埋在混凝土中的柱子，这种做法便曾引发争议。而且多年以来，建筑师都只使用黑色或者灰色的涂料，而避免使用其他颜色，据说是因为荷兰建筑师阿尔多·范·艾克认为，彩色会减损钢材作为结构角色的"严肃性"。

关于应对生锈的解决方案，有种令人出乎意料的不同于传统的做法，就是在钢中加入少量的铜，因为铜暴露在空气中可以依赖氧化作用产生自我保护层。20世纪50年代初，美国钢铁公司以"COR-TEN"为名注册了商标，这种耐候钢很快就受到建筑师的欢迎。1964年埃罗·沙里宁设计的约翰迪尔公司总部大楼，首次大规模使用了耐候钢。

虽然钢在受压力时强度变得极大，但在拉力状态下使用时，钢的强度与重量之间的比例更能发挥到极致。由细长柱、支柱和拉力绳索组成的外骨架，是许多迷人的高科技棚架的常见特点，很多建筑师偏爱这种设计，其中包括英国建筑师诺曼·福斯特、理查德·罗杰斯以及两人的追随者，而福斯特建筑事务所所设计的香港汇丰银行总部大楼（1979—1986年，对页图），则是从巨大的桁架上用极细的吊钩把楼层悬吊起来，而不是用厚重的柱子从下方将楼层支撑起来。

93

现代建材的精髓典范

观念 44

玻 璃

玻璃看似神奇，其实它是用硅石、石灰和一种碱性物质，比如苏打或碳酸钾，混合后加热制成的。自从青铜时代起，人们就开始制作玻璃，但在历史上的大多数时间里，它都是一种昂贵奢侈的材料。一直到了20世纪后半叶，玻璃才作为建筑材料得到广泛使用。

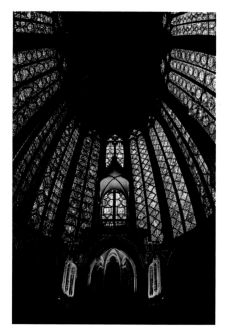

巴黎圣礼拜堂内部采用哥特式风格，以精致细腻的彩绘玻璃呈现出色彩斑斓的中世纪天堂景象。这座教堂落成于1246年，目前所见大都是在19世纪由维欧勒·勒·杜克重新修复之后的样子。

罗马人是率先在建筑上广泛采用玻璃的民族。他们发明出来的玻璃铸造和吹制技术广泛流传，而叙利亚地区在1—3世纪，以旋转玻璃圆盘为基础，发展出"冕牌玻璃"的制作工艺，让玻璃制作工艺更精良。到了中世纪，在塞纳河与莱茵河河谷，由于寒冷的北方气候，加上修长的哥特式建筑的兴起，促使了窗户玻璃工业的兴盛。

工业化生产的玻璃，与铸铁、锻铁以及后来的钢材搭配使用，修建出了温室、室内集市、拱廊和其他玻璃结构建筑，而其中最令人叹为观止的代表作自然是约瑟夫·帕克斯顿于1851年设计的伦敦水晶宫（对页下图）。1914年，比利时人埃米尔·福柯发展出一种垂直引上法，可以用来生产出大块的玻璃板，立刻受到现代主义建筑师的大力欢迎，但玻璃制作的重大革命一直到1952年才在英国出现。当时兰开夏郡一家玻璃厂的雇员阿拉斯泰尔·皮尔金顿（他的姓与这家工厂同名，但他并非创始人家族成员）提出了一个突破性的构想：他建议用熔化的金属取代原本坚硬的金属作为铸造玻璃的铸床，经过多次试验，最后证明是最适合的方式。

到了1959年，这种新式的"浮法玻璃"已经进入商业生产阶段，并很快就彻底取代先前所有的玻璃生产方法。第一代玻璃生产厂还无法实现特殊定制，例如某种特定颜色，因为"浮法玻璃"是以连续不断的方式进行生产，制作玻璃的材料就好比没有尽头的彩带，以大约每分钟15米的速度在生产线上流动，日以继夜，年复一年，直到机器必须维修为止。

大块玻璃板的透明性让玻璃成为20世纪建筑的典型材料，它可以将支撑结构和空间的"真相"显露出来，就算实际操作中未必能做到，至少理论上被这么认为。密斯·凡德罗1923年在玻璃摩天大楼的设计上，尝试使用波浪形轮廓，旨在探索玻璃在视觉上的另一个显著特质——反射性。不过密斯·凡德罗试图在建筑顶端悬吊"玻璃帷幕墙"的想法，却是到了诺曼·福斯特设计并建成威利斯·费勃和杜马斯公司总部大楼（1970—1975年，对页上图）时才宣告实现。

上图: 现代主义梦寐以求的全玻璃式帷幕墙，终于在1975年由福斯特设计并建成的威利斯·费勃和杜马斯公司总部大楼化为现实，该大楼位于英国的伊普斯维奇。

右图: 水晶宫是为了1851年世界博览会而修建的，最初修建在海德公园，后来迁移到了伦敦南部的锡德纳姆。这栋灿烂耀眼的建筑展现出工业化玻璃构件的惊人潜力。

来自上方的光

阿尔瓦·阿尔托在1958年设计的奥尔堡现代艺术博物馆率先采用了复杂的屋顶照明截面。这样设计是为了产生没有影子的光线,后来设计师们不断在这方面进行思考,并将它运用到世界各地的美术馆设计之中。

观念 45
屋顶采光

屋顶采光主要得益于"威卢克斯屋顶窗"的发明,如今家庭住宅的屋顶才广泛使用天窗来采光,在无数的办公大楼和其他建筑内,也可以发现带有大面积屋顶采光的中庭。

尽管我们对屋顶采光相当熟悉,但令人惊讶的是它被运用到建筑上却是近年来的事情。不过辉煌夺目的罗马万神殿(参见第31页图)是个例外,它顶上那个没有镶嵌玻璃的圆形开口,是大殿内唯一的光线来源。

一直到18世纪中期,随着玻璃制造业的发展,民众能以相对便宜的价格买到面积足够大的玻璃之后,屋顶采光的潜力才开始显现出来。面积足够大的玻璃在现实中非常必要,因为天窗上不会有防止屋顶漏水的木质或者铅条框架。最早期的屋顶天窗是用一块玻璃板代替瓦片嵌入屋顶,这种做法大多用于一些实用性的建筑,但斯维勒·费恩在设计位于挪威哈马镇的海德马克博物馆(1968—1988年)时,他极具艺术化的处理方式让玻璃天窗再现生机,该座博物馆占据了一个改建谷仓的大部分面积。

开放式的、木框架的包铅天窗依旧被用于某些18世纪的家庭住宅楼,但在19世纪末以前,一般住宅上使用玻璃天窗并不常见。原因之一是当时政府会根据玻璃的重量征收消费税,人们更愿意使用小而薄的玻璃板。1845年英国政府取消了玻璃的消费税,同时期玻璃制造业也出现多方面的改善。而最显著且意义深远的影响是取消了窗户格栏,这对于屋顶天窗的广泛采用起到了推动作用。

大规模生产的铸铁天窗越来越多,大型的"无油灰装玻璃"天窗变得唾手可得,因此也被广泛使用到各种大型建筑上,从带有天窗的市集到火车站再到博物馆。而那些深入规划的建筑,诸如卡斯伯特·布拉德里克设计的利兹谷物交易中心(1861—1864年)以及迪恩和伍德沃德建筑事务所设计的牛津大学自然史博物馆(1855—1860年),如果没有了屋顶采光,将根本无法使用。而一般住家规模的天窗最常设置在楼梯间,而且多半会安装双层隔层保护片以减少流向室内的冰冷气流。

历史上大多数的天窗设计都是从实用角度去考虑,但18世纪的建筑师已经认识到天窗所能提供的光线的质地,例如英国建筑师罗伯特·亚当就曾利用楼梯间和大厅上方的百叶式天窗增强光线的效果。英国另一位建筑师约翰·索恩爵士也极为钟爱屋顶采光,他的伦敦私人住宅兼博物馆(1792—1827年)是一座再现创意照明的宝库,而他所设计的多维茨画廊(1811—1817年,对页图),则为现代博物馆和美术馆的顶部照明树立了典范。富有创新意识的案例还包括阿尔瓦·阿尔托设计的奥尔堡现代艺术博物馆(上图),该馆来自屋顶的光线从弧线形的结构梁上被反射出去,均匀地漫射到墙面上。另外路易斯·康设计的肯贝尔艺术博物馆,光线先是穿过两道凹形梁中间的狭缝,再反射回凹形梁的底面,最后反射到博物馆的内部。

约翰·索恩爵士设计的多维茨
画廊，是英国第一座为了特定目的
建造的美术馆，落成于 1817 年。
美术馆由一条条彼此相连、屋顶采
光的廊道组合而成，自此之后几乎
全世界的美术馆都采用此种模式。

在使用屋顶采光的室内，仿佛与世隔绝。

1885年威廉·勒巴隆·詹尼设计建造的芝加哥家庭保险大楼，是第一栋用金属结构框架支撑的建筑。该建筑结合了钢材以及铸铁和锻铁，目前仍被认为是世界上第一栋摩天大楼。

建筑物的骨架

观念 46
结构框架

自古以来，凡是可以有充足木材作为建筑材料的地方，都广泛采用结构框架系统。当纺织工厂需要大跨度的开放式空间放置机器设备时，铸铁框架的建筑就伴随着工业革命应运而生了。19世纪问世的钢骨架架构在美国催生了世界上的第一座摩天大楼。

如今在世界各大城市耸入天际的摩天大楼随处可见，例如图中所显示的上海。这完全归功于19世纪的两大发明：升降梯和钢或钢筋混凝土结构框架。

虽然半木造框架在欧洲的建筑中使用得相当普遍，但直到20世纪，砖石结构的建筑才在欧洲占据主导位置，而最早放弃承重墙、改用石柱和石肋框架结构的哥特式大教堂，也因为古典主义风格的复兴而黯然失色。18世纪下半叶，随着价格低廉、结构稳固的铸铁逐渐发展，使得铸铁框架、开放式平面的工厂建筑成为可能。锻铁在19世纪中期取代铸铁，使约瑟夫·帕克斯顿得以为1851年的伦敦世界博览会设计出壮观宏伟的水晶宫（参见第90页图）。

种种工业流程的创新使得铁能够炼成钢，这种现代框架结构的优质材料出现了，而且价格也不昂贵。1887年，多曼出版社（Dorman，后来改名为Dorman Long）出版了第一本型钢手册。1890年，建筑师威廉·阿罗尔爵士在爱丁堡北部修建了横跨佛斯河的钢架构桥梁，截至1907年，他总共设计修建了超过140栋钢架构工厂，伦敦的里兹饭店（1904—1905年）是伦敦第一座全部采用钢架构的建筑。在同时期，耸入天际的钢构架建筑如雨后春笋般在芝加哥涌现，丹尼尔·伯纳姆和约翰·鲁特共同设计的蒙托克大厦（1882—1883年），被作家艾瑞克·拉森命名为"摩天大楼"。

工业生产的铁钉和机械化的木材加工，也促成了轻型木结构的发展。19世纪30年代，芝加哥的建筑工人发展出所谓的轻型木结构，让低技能的工人也能快速将房屋组装起来。这种轻型木结构是由100×50毫米的木材组成，中央部分最厚的地方厚度可达600毫米，外面用夹板包裹。19世纪中期这种结构在美国随处可见，也是美国得以"赢得西部"的原因之一。在美国，木框架至今仍然是住宅建造的主要形式，由于木材属于可持续性材料，目前有大量的研究正朝向多层楼的木框架建筑发展。

在建筑上，结构框架的主要影响是双重的：一方面，利用钢材的强度和张力，无论让其作为建筑型钢，还是用在钢筋混凝土结构中，都能让建筑达到前所未有的高度；另一方面是由此可解除墙的承重功能，使自由平面和轻量的镀层系统得以发展，这两者结合在一起，就成了密斯·凡德罗所谓的"皮包骨"建筑。不过要在多层楼建筑中将结构框架的"骨头"显现出来，事实证明有一定的难度，一方面由于防火方面的要求，另一方面就是玻璃在白天的日光下看起来并不透明。解决方案之一是把"皮层"拉到外围的柱梁后方，例如埃罗·沙里宁设计的约翰迪尔公司总部大楼，不过近来由于对环境保护提出了更高的要求，必须防止连续结构所导致的热桥效应，使得上述解决方案又面临了新的挑战。

古代奢侈的"坐文化"

观念47
中央供暖系统

中央供暖系统几乎和建筑本身一样古老，最早出现于公元前350年的阿耳忒弥斯斯神庙。它的起源大概与古希腊人将火炉产生的热风吹进埋在地板下的通风口的做法有关。但早期最著名的中央供暖形式是古罗马的火坑供暖系统。

苏格兰国家博物馆里的这个热水式散热器环绕在一根铁柱四周。它属于维多利亚时期的用品，是在公共建筑中使用中央供暖系统的早期范例之一。

古罗马人供暖系统的热气从墙壁里面的烟道进入地板下面埋着的管道里，最初只是富人的住所里才配有，但是后来在罗马帝国境内的公共建筑里也采用了这种供暖系统。罗马帝国灭亡之后，西多会的修士利用修道院内的渠道水和木制暖炉重新恢复中央供暖系统，例如位于西班牙阿拉贡附近的鲁埃达修道院建筑群（1202年）就有这样的系统。

最早的地暖暖气管出现在12世纪的叙利亚，后来推广到中世纪伊斯兰世界的所有洗浴场建筑。在东亚地区，一般认为韩国早在公元前37年的高句丽王朝开始，就已享受由地板下方加热的火炕取暖系统。最初是使用热气体，后来被热水系统取代，至今韩国仍在沿用这种取暖系统，并因此衍生出诸如进屋脱鞋和"坐文化"等习俗。20世纪初，弗兰克·劳埃德·赖特也曾在日本体验过带有暖炕的房子，并认为这是最完美的暖气形式，于是在地板里埋设取暖管道便成为他自20世纪30年代中期开始广泛兴建的美国风住宅（对页下图）中的标准配置。

令人惊讶的是，18世纪和19世纪欧洲建筑极少采用中央供暖系统，即使使用也多限于贵族之家，例如圣彼得堡的夏宫（1710—1714年）就装有热水式暖气系统。要不就是为了某些特定用途，例如19世纪30年代英格兰银行总理事就在自己家装有蒸汽式暖气系统，以促进葡萄成长。后来，中央供暖系统在仓库和工厂中也被广泛采用。

到了19世纪末，便宜的铸铁制散热器的出现以及锅炉科技的发展，为今日所熟悉的中央供暖系统奠定了基础。这一原理后来扩大到所谓的区域暖气系统，通常是利用发电厂散发的热量为千家万户提供暖气。虽然西欧也采用区域暖气系统，例如伦敦的皮姆利柯就是采用区域取暖系统，但这种供暖系统在苏联尤为普遍，那里的民众更能接受这种集中化的方式。

中央供暖系统让建筑师在设计时可以摆脱烟囱的束缚，促成了诸如自由平面之类的创新，但壁炉依然是不少起居室的焦点所在。随着壁炉不复存在或不再使用，工业城市雾霾弥漫的情况也随之消失。

在社会层面上，中央供暖系统所带来的影响是革命性的。中产阶级和劳动阶级家庭的日常生活都是在一两间起居室里围着壁炉进行，但自从中央供暖系统出现之后，卧室就变成儿童和青少年可以使用的空间。结果，家庭生活变得日益疏离区隔，当大多数人都负担得起的消费电器出现之后，这种情形就变得更加严重。

从社会角度来看，中央供暖系统带来的影响是革命性的。

上图：古罗马的火坑供暖系统，位于突尼斯斯贝特拉一座 3 世纪的公共浴场的废墟中，是历史上最早的中央供暖系统之一。

左图：赖特在 20 世纪初访问日本时，通过地板下方供暖的韩国式热炕给他留下了深刻印象，后来这种埋设在地板下方的热水管供暖系统成为他的美国风住宅的标准配置。

上图：早在 20 世纪 20 年代，纽约时代广场就遍布灯光广告，不断吸引着游客。

左图：所谓的"月光塔"在 19 世纪末的美国和欧洲城市中很常见，但很快就被路灯取代。这张档案照片里的月光塔高 50 米，位于美国得克萨斯州的奥斯汀市，至今仍在使用。

现代性的标志

观念 48
电 灯

美国佛罗里达州的迈阿密市中心，是当代"电气化城市"的缩影。

自从19世纪初人们就开始研究电灯，但一直到1879年爱迪生发明了白炽灯泡之后，电灯才开始进入商业运转阶段。虽然电灯是稍晚一些才出现的发明，现在却已经变成我们身边建筑物和都市环境中不可或缺的一部分。

将电灯引入建筑物内部依靠的是配电系统，俄国人帕维尔·亚布洛奇科夫在1875年发明了弧光灯，让街头照明成为可能，不过它最初给城市带来的冲击更大。在伦敦，人们就利用弧光灯照亮了霍尔邦高架桥和泰晤士河岸，而1890年的美国总计有13万盏弧光灯处于运作状态，最初是用于月光塔（对页下图），以单一光源照亮大片区域，直到后来被相对便宜的路灯替代。

灯光被广泛认为是一种解决和预防社会问题的方法，特别是可以遏制犯罪问题，而为整座城市提供照明就像一种"公共卫生"措施，如同铺设下水道一样。为了迎接1889年在巴黎举办的世界博览会，法国著名建筑师布尔代提议打造一座360米高的太阳塔，顶部装设弧光灯，通过卫星式的辅助反射器照亮整座城市。

电灯很快就成为现代性的显著标志。它让电影得以发展，并被在百货公司里用来促进消费，例如1883年开幕的法国巴黎春天百货。而灯光广告也迅速跟现代大都会的形象联系起来：早在1928年，德国建筑师恩斯特·梅就"用无数的闪烁灯光将纽约时代广场装点得璀璨耀眼"。

我们根本无法想象现代生活和建筑没有了电灯会怎样，然而电灯带来的影响也并非总是好的。20世纪初发明的荧光灯，促成了居住习惯的深入发展，生活起居不再依赖日光。在能源便宜和独栋建筑的年代，这造成建筑几乎完全不开窗户，因为人们认为，窗户不只是让工人或学童分散注意力，而且如果打开窗户，还会干扰到机械式通风设备或空调系统的运作效能。

对许多建筑师而言，根据自然光线或太阳移动的轨迹来做设计变成了无关紧要的事。建筑设计忽略了方向问题，无论什么功能的建筑，大概都做出差不多的"理想的"照明，导致最终做出来的照明空间全都一模一样，让置身其中的人失去了方位感以及对空间的意识。到了晚上，来自内部的照明让这类建筑传达出一种令人兴奋的感觉，成了标准的现代化景象。但是在白天，它们却无法提供任何线索，让人们了解到建筑内部到底在干什么，于是这些建筑以及被它们所占据的城市看起来像是被人遗弃的空城。

最终，随着能源成本越来越高，以及人类对地球环境的影响日益受到关注，人们意识到这类高耗能的建筑非但不符合经济效益，对居住者的健康也有害。于是到了20世纪80年代，自然采光的中庭办公建筑逐渐普及，而建筑师一般也都结合自然采光与节能的新式电灯，例如CFL（紧凑型节能灯泡）和LED灯（发光二极管）进行设计。

耸入天际的百层高楼

观念 49
升降电梯

建筑史强调结构框架，它让高层建筑的建造成为可能，进而改变了全世界的城市。然而同等重要的就是载客升降梯，或者说电梯的发明，如果没有电梯在不同的楼层之间穿梭，那么过多楼层的高层建筑就不可能出现。

升降电梯的概念相当古老：古罗马建筑师维特鲁威在他的书中就曾提到过，据说早在公元前236年左右，阿基米德曾经修建过一部工作用的升降梯。在17世纪修建的英国和法国宫殿里，便装设有原始版的升降梯。但关键性的重大突破发生在1852年，美国人伊莱沙·格雷夫斯·奥的斯发明了可靠的安全机制升降梯。

奥的斯公司生产的第一部载客升降梯于1857年安装在纽约的一家百货公司里。七年后，格罗夫纳饭店成为伦敦第一家装有升降梯的饭店。升降梯带来的影响除了实务层面，还包括社会层面：饭店里原本位于楼上价格较低的客房，在有了升降梯之后因为可以看到更好的景色而变得抢手，最后很多酒店都开始设置楼顶套房。

1880年，维尔纳·冯·西门子发明了第一部电动升降梯，具有现代电梯的关键特征：利用电动马达驱动安装在齿轮箱上的滑轮钢索，可以让升降梯轿厢的升降速度最高达150米/分；如果是无须齿轮组牵引的升降梯，最高速度可达600米/分。

早期的电梯是由操作员或者使用者手动控制，但随着系统渐渐发展，如今已经可以有效地用电梯将乘客直接送到所在的层。随着建筑物越来越高，这些功能也就变得不可或缺。电脑调度系统如今能够"学习"高峰流量模式，适应不断变化的交通需求。建筑设计上比较有趣的是，把只停某些楼层的快速电梯和每个楼层都停的慢速电梯结合在一起应用到建筑的某段楼层之间。SOM建筑事务所在芝加哥设计的高达100层的约翰·汉考克大厦，率先引入了这种"空中大厅"（高层建筑的电梯起止厅）的设计，大厅位于第44层，供该楼层以上的住户使用，并提供保健、休闲和教育设施。后来，在设计香港汇丰银行总部大楼（参见第92页图）时，诺曼·福斯特引用了"垂直社区"的想法，先乘升降梯抵达"社区"，然后改乘手扶梯。

由美国SOM建筑设计事务所设计，落成于2009年的迪拜哈利法塔，平顶部分超过600米，是目前全世界最高的建筑物。塔内共有57座升降梯，以最高每秒10米的速度运行。

还有一项非比寻常的尝试是为了改善人们乘升降电梯时毫无差异的感受，于是将电梯轿厢从电梯竖井移出，再用玻璃轿厢包裹起来。1924年，俄国建筑师维斯宁兄弟在设计《真理报》大楼时，率先提出这项建议，但第一座现代式玻璃升降电梯安装在美国加州圣地亚哥的埃尔科尔特斯酒店，目的是不想让内部的电梯竖井破坏建筑的整体感。这种爬墙式的玻璃电梯后被大为推广，最著名的是理查德·罗杰斯设计的伦敦劳埃德大厦（参见第167页图）。约翰·波特曼的亚特兰大凯悦酒店，便是在1967年开创了先河，用玻璃"胶囊"把客人送上顶楼的旋转餐厅。

如果没有升降电梯，那么高层建筑就不可能存在。

上图：20世纪30年代，没有任何东西比纽约天际线更能说明升降电梯可以带来多么强大的发展前景，102层的帝国大厦直到20世纪70年代依然保持着世界第一高楼的纪录。

最左图：在1854年于伦敦举行的水晶宫展览中，展示了后来取得专利的安全制动装置。这项关键性的发明让升降梯普及开来，成为运输乘客的一种工具。

左图：1998—2004年间占据世界第一高楼宝座的马来西亚吉隆坡双子塔，由一系列复杂的升降电梯提供服务，其中许多楼层采用"双层升降电梯"的形式，可以同时接载相连的奇数和偶数楼层的乘客。

钢筋混凝土是迄今为止人类发明的最佳的结构材料。

这座绝妙优雅的开放式飞机棚是由皮埃尔·奈尔维设计建造的，位于意大利奥尔维耶托，1935年落成。奈尔维因为意识到仅仅使用混凝土建筑物会比较薄弱，就混合使用钢筋增加强度，整个飞机棚的跨度高达 44.8 米。

对页上图：目前已知最早的混凝土是由古罗马人发明的，古罗马许多伟大的拱顶结构都是以它为材料，图中罗马广场上坠落的方形部分，是遗址的残件。

对页下图：弗兰克·劳埃德·赖特设计的约翰逊制蜡中心大楼。工程监理都认为这些柱子太过纤细，无法支撑大楼的重量。为了证明设计没问题，赖特在荷重测试时坐在柱子下方，看着工人把远超预定承载重量的沙包堆上去。从此，再没有人敢质疑他的能力。

任意形状熔化的石头

观念 50

钢筋混凝土

　　虽然混凝土不是某一个人的发明，但19世纪90年代弗朗索瓦·埃纳比克的一项技术创新，为在混凝土中使用钢筋的这种现代做法奠定了基础。由于这两种材料的热膨胀系数碰巧一样，使这二者的结合成为可能，而且这种做法很快就普及开来。到了1910年，据估计约有4万栋建筑是用钢筋混凝土建造的。

　　最早的混凝土是由古罗马人发明，以生石灰、火山灰和浮石轻集料混合制成，当时的人称这种材料为"opuscaementicium"，和现代混凝土比较，它的张力逊色许多，而且必须手工堆砌，无法浇注。罗马许多重要的建筑都是以混凝土为材料，包括公共浴场、斗兽场（参见第25页图）和万神殿（参见第31页图）。罗马帝国土崩瓦解之后，混凝土也随之消失，现代的混凝土归功于硅酸盐水泥（又名波特兰水泥）的发明，该发明在1824年获得了专利，并且可以添加强化材料。

　　在防火方面，钢筋混凝土比钢有着明显的优势，这在1902年的一场火灾中得到了有力的证明。当时，位于美国新泽西州贝永的太平洋海岸硼砂工厂发生大火，钢材在大火中熔化，但钢筋混凝土的地板却完好无损。历史学家雷纳·班纳姆认为这场火灾也成为钢筋混凝土广泛传播的催化剂，粮仓、仓库和工厂都开始使用钢筋混凝土作为建筑材料，这在欧洲成为现代化的标志，沃尔特·格罗佩斯和勒·柯布西耶两人出版的一套影响深远的照片集便可佐证，勒·柯布西耶更是在他的《走向新建筑》一书中盛赞钢筋混凝土建筑，称它们是"工程美学"的范例。

　　最早使用外露的钢筋混凝土框架的住宅建筑，是奥古斯特·佩雷和古斯塔夫·佩雷兄弟于1903年在巴黎富兰克林街所兴建的一栋公寓。五年后，勒·柯布西耶为奥古斯特·佩雷工作，并开始尝试将钢筋混凝土作为创造机器时代新愿景的一种途径。当这种想法被证明无法达成时，他转而在后期提倡使用粗混凝土，作为这种材料更"自然"的表现方式。

　　这项材料之所以能在结构上有如此优秀的表现，主要归功于很多工程师的努力，包括罗伯特·马亚尔、尤金·弗莱西奈、皮埃尔·路易吉·奈尔维、爱德华·托罗佳以及菲利克斯·坎德拉等人。对奈尔维而言，混凝土是"人类发明的最棒的结构材料。那儿像是魔法，我们可以用钢筋混凝土'熔'成任何形状的石"。他想要的是可以在使用中显示出力量的形状，但对那些决心要"遵循材料本质"的建筑师而言，混凝土的问题比较多。在英国，混凝土一开始被当成"异教徒"的材料，建筑师认为它缺乏自己的特性，也不适合流行的新歌特式风格。甚至如弗兰克·劳埃德·赖特设计的位于芝加哥橡树园的联合教堂，是早期混凝土建筑的杰作之一，但一开始，他也认为"混凝土既不像歌曲，也不像故事，充其量只是一种人造的石头，糟糕的话更会沦为一堆石化的沙子"。他认为混凝土的真实"性质"在于它所具有的流动性和连续性。他设计的流水别墅（1935年，参见第61页图）和约翰逊制蜡中心大楼（本页下图），都是以充满表现性的手法展现钢筋混凝土本质的杰作。

"新"材料，诸如铁、钢和玻璃，都被当作建筑的构件。

古斯塔夫·埃菲尔设计建造的加拉比高架桥（1884年）以无与伦比的优雅造型受到现代派建筑设计师的盛赞，被称为建筑的典范。他们主张将该建筑视为"建造的艺术"。

建造的美学

观念 51

建造的艺术

到了19世纪晚期，工程师建造的"纯建筑"大多采用铁、钢和玻璃等"新"材料，这些建筑被推崇为建筑的典范。阿道夫·鲁斯将工程师称为"我们希腊人"，而勒·柯布西耶在他的影响深远的《走向新建筑》一书中也盛赞了"工程师审美"价值。

将建筑理解为"建造的艺术"似乎来自法国的传统，以及中世纪对于石匠大师地位的认可，尽管文艺复兴时期出现了艺术设计师，随后也融合了专业建筑师的角色。直到19世纪对于美学和风格的兴趣再次复兴之前，似乎很少有人关心"建筑"和"建造"之间的区别。

这种态度上的改变其实在18世纪就开始了，为了适应逐渐增多的财富，满足日益增长的个人主义需求，使用建筑装饰成为一种社会地位和声望的标志，进而把"简单"的建筑等同于廉价的东西，可以完全交给训练有素的工匠或者具有实际操作意识的工程师。因此，一个世纪以后，詹姆斯·弗格森在评价约瑟夫·帕克斯顿的水晶宫的时候，他认为"（水晶宫的）各个部分都缺乏足够的装饰，因此它充其量也就是一个一流的工程建筑，而无法成为一件艺术品"。

尽管长期以来人们都认为装饰是建筑中必要的部分，但具有先进理念的建筑家和理论家，例如英国的奥古斯都·威尔比·诺斯摩尔·普金和法国的维欧勒·勒·杜克强调设计要基于清晰的、合乎逻辑的构造之上。应该根据建筑材料的属性来运用结构准则，这种信念为建筑形式提供了新的基础，对于重新将建筑视为建造的艺术来说至关重要。其中最著名的例子就是德国新古典主义建筑师卡尔·弗里德里希·辛克尔设计的德国建筑学院，于1836年在柏林落成完工。辛克尔并没有按照古典主义风格论文中所期待的那样去做，他在设计中展现了自己的理念——实用性是建筑的第一要素。他没有使用石材，而是用砖，整栋建筑的大小取决于砖头的黏合模式。整栋建筑是非常清晰的古典主义风格，但是在细节的处理上却是完全根据砖的特性。比如，飞檐的投影非常浅；所有装饰性线

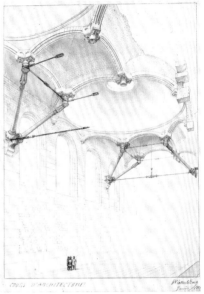

顶图：亨德里克·佩特吕斯·贝拉赫在设计阿姆斯特丹证券交易中心（1896—1903年）时，他的灵感就来自让建筑的形式遵循建筑材料合理使用的原则，包括砖、铁、玻璃和一些石枕梁、石过梁。

上图：维欧勒·勒·杜克绘制的授课插图，他用这张绘图向学生们重新诠释了哥特式建筑的结构原则，指出可以考虑使用铁质构件来修建。

条的处理都很简单，避免霜冻的破坏；弧形拱顶向内反射到与铁棍相连的浅砖拱顶上，这倒是与辛克尔曾造访且崇拜的英国早期工业建筑类似。

当1914年奥托·瓦格纳的著作《现代建筑》出版到第四版的时候，该书已经被重新命名为《我们时代的建筑艺术》。对于与瓦格纳同时代的人来说，该书的新书名就好比一个明确的标志，意味着他开始跟其他一些建筑师一样，认为未来的建筑在于将其视为建造的艺术，而不是对于历史风格的重现或者是装饰细节的创新。

建筑基于建造方式

观念 52
构造形式

"构造"一词起源于"tekton"这个词根，在古希腊语中用来指木匠或者建筑工人；该词最早在19世纪中期的德语地区开始被使用。为了将建筑物植根于所搭建的基础之上，戈特弗里德·森佩尔在他著名的论文《建筑四要素》中，将他所谓的上层建筑构造，即木柱子、屋顶，同石砌的基座做了对比。

对于很多建筑师来说，这种轻盈的上层建筑与地面的厚重基础之间形成的反差，正是构造艺术的典范。例如，在很多家庭住宅的构造中，我们可以看到砖木结构混合使用的情况。悉尼歌剧院（1957—1973年）则是让空前巨大的反光弧薄壳从岩石般的平台上向天际散发，还有密斯·凡德罗为现代艺术打造的钢铁神殿——柏林新国家美术馆（1962—1968年）。

森佩尔对"构造"一词的用法，源自一本有关希腊建筑的影响深远的书，即卡尔·波提舍在1843—1852年之间出版的《希腊人的构造术》。波提舍在书中着重强调了希腊神庙的每一部分是如何强化整体建筑理念的，而"构造"一词很快就被赋予了更广泛的含义，即用来指一套完整的建造系统，将各种元素融合在一起，形成结构上的美学整体或形式。

虽然"构造形式"一词最初是为了响应采用横梁式结构的希

腊建筑（以及那些采用类似横梁结构的建筑），但这个概念后来被用来泛指基于"理性"方式来表现结构和建造的做法，奥古斯都·威尔比·诺斯摩尔·普金和维欧勒·勒·杜克认为哥特式建筑在这方面是更有说服力的典范。早期的哥特式结构因为把重量集中在支撑点和支撑线上，因而创造出个性鲜明、令人印象深刻的结构表现形式。不过，希腊神庙的柱子在承重的情况下，看起来显然有些膨胀，显示柱子承受重量后的反应；反之，哥特式大教堂则是以向上升起的方式来抵制重力，将重量分散到大量纤细的柱身和精致的花饰格窗之上。这导致弗兰克·劳埃德·赖特曾经谴责建造哥特式建筑的石匠，他认为石匠们把石材"当成一种负面的材料"，"既不尊重石材自身的局限性，也没有重新诠释石材的特质"。

强调"合理性建造是构造表现的必要条件"，这种观点最终遭到奥古斯特·施马索夫的抨击。他在1893年撰写了一篇题为《建筑创作的本质》的论文，认为建筑师如果能"忽略……耐久材料的整体执行过程"，就能受益更多，因为这样就能重新发现建筑"经受时间考验的内部"，也就是"空间的创造者"。强调"空间也是一种基本材料"的观点成为现代主义建筑的核心，但它近来在美国遭到了质疑，有影响力的建筑评论家肯尼斯·弗兰姆普敦在1992年出版的《构造文化研究》一书促使人们对构造表现出全新的兴趣。在弗兰姆普敦看来，那种太过流动性的抽象空间，面对日益奇特的商业建筑，其价值已经不断贬值；与此相反，他主张重新以建造方式和遵循材料本质作为建筑的基础。通过这种方式，他期望建筑师们有能力抵制当前那股看似无法抵挡的"潮流"，即将建筑艺术降格为布景艺术的趋势。

　　"构造"一词在19世纪开始被人们使用，当描述到建筑外部形式和内部结构之间的相互关系时，就会经常用到这个词。奥托·瓦格纳设计的卡尔斯广场地铁站（1899年，对页图）在结构和覆层之间做了清晰的区分，这正体现出"构造"的观念；约恩·乌松设计的巴格斯韦德教堂（1974—1976年，本页图）则具有框架内部结构和混凝土壳式天花板。这都显示出当代建筑师对于构造形式的理解，并将其视为建筑的一种宣言。

色彩丰富的建筑

观念 53
色彩装饰

考古证实古希腊神庙就曾使用油漆进行彩色喷绘，这个发现让19世纪30年代和40年代的一批建筑师对色彩产生了浓厚兴趣，他们富有想象力地设计了一些重建项目（1839—1848年），并将色彩运用到自己的设计中，例如迈克尔·哥特里布·宾得波尔设计的哥本哈根托瓦尔森博物馆。

　　没有几个话题能比色彩的运用更能让建筑师和评论家陷入对立状态，而这种对立的程度在19世纪上半叶的"彩饰战争"中达到了顶峰。这场战争始于1815年美学家德·昆西的著作，书中收录了希腊雕刻家菲狄亚斯失传的宙斯和雅典娜巨大雕塑的重建图。重建的两座雕像不但色彩斑斓，还装饰了黄金和象牙，这对于深信希腊艺术之美存于抽象形式的新古典主义者而言，简直就是一种侮辱。

歌德在19世纪早期曾感叹道："文雅讲究的人们都不喜欢颜色。"半个世纪以后，约翰·拉斯金则宣称："纯洁和思维最为缜密的人往往是最热爱色彩的人。"

　　实地调研证实了希腊神庙确实有使用色彩的痕迹，根据在意大利西西里岛歇利纳斯考古发掘出的物品，德国建筑师夏克·伊克利斯·希托夫绘制了一幅色彩绚烂的小神庙重建复原图，由此引起了遍及整个欧洲的论战。很多人不愿相信日益增加的考古证据，但是对于热爱色彩的拉斯金来说，"希腊神庙上的天蓝色和紫色装饰曾经璀璨地分布在古希腊海角"，如今"却失去了色彩，暗淡无光地矗立着，就像日落后的残雪"，这是真正令人遗憾的事情。

　　在关于色彩装饰的争论中，最具深远影响力的想法是戈特弗里德·森佩尔提出的，他认为希腊彩绘就是一种罕见的"装饰"或覆层形式，它集中关注建筑表面，而不是材料本身，这个观点成为他的建筑空间理念的核心。长期以来，森佩尔的观点产生了很大影响，但发现希腊彩绘所产生的直接影响却不同——它动摇了当时逐渐强大的理性主义的根基。此前，理性主义者认为希腊神庙是"合理的"建筑的典范，同时通过哥特式建筑复兴者的努力，进一步促进了色彩装饰的使用。虽然彩绘是被当作建筑材料必要的构成部分，而不是仅仅被当作装饰性贴花，但即使是被作为造型彩饰或结构性彩饰，彩绘依旧饱受争议，色彩装饰方面的先驱威廉·巴特菲尔德的作品就曾遭到严厉抨击，有些人称之为"五花肉培根"。

　　对于色彩运用产生的广泛的抵触情绪，恰恰反映了人们越来越意识到要与自然和谐相处，也越来越懂得欣赏建筑材料"自然本真"的特质，所以对于色彩装饰的兴趣如同昙花一现。但是，这种局面被勒·柯布西耶和其他一些现代主义建筑师所扭转。生活在柏林的布鲁诺·陶特认为，建筑师可以"通过对色彩的运用，让人们对他们所生活的相对温和的环境产生一种认同"。这也是荷兰风格派运动作品的核心理念，该派遵循化学家威廉·奥斯特瓦尔德极具影响力的色彩理论，但对于色彩究竟应该从象征角度还是抽象角度来看却没有定论。勒·柯布西耶运用色彩来强调墙壁是平面，强调或者颠覆空间和形式特质。为了表达特征，勒·柯布西耶发明了一套色彩体系，该体系基于自古以来对颜色差不多的处理方式。受到音乐的启发，他将这套和谐的色彩组合体系称为"色彩键盘"。

跟古代古典神庙一样，哥特式大教堂内外均采用色彩装饰。但由于缺乏足够的证据，重建古代神庙时使用色彩的做法还是很少见。不过从2010年夏天开始，法国的沙特尔圣母大教堂就开始利用灯光效果为游客提供一幅"重建"的该教堂中世纪时可能的模样。

修建于中世纪的卡尔卡松城堡的坚固城墙，后来被维欧勒·勒·杜克大规模重建。从现今城墙的壮观程度来看，该城墙的重建可以作为一个例子，证明 19 世纪人们对于老建筑的保护有点"热情过头"。

为了民族而挽救

观念 54

保　护

在意大利维罗纳的卡斯泰尔韦基奥城堡的保护方案中，卡洛·斯卡帕提出了一种有影响力的保护方法，能确保在新旧痕迹之间做出清晰的区分。后期修复留下的痕迹一定要具有"现代的"特点，就像图中所示，其采用悬臂支撑结构使骑马者的雕像恢复到原来的高度。

　　19世纪以来，面对工业革命所带来的前所未有的变化，人们越来越多地感到保护经典古老建筑的必要性和紧迫性。这种保护意识很快就升级为修复行动，其中工程最浩大的就是维欧勒·勒·杜克重建的卡尔卡松城堡（对页图）。英国则成立了古建筑物保护协会，并在该协会的推进下，国家投入了大量人力和物力来修复中世纪的教堂。

1877年，在英国古建筑物保护协会的成立宣言里，艺术与工艺运动的领导人威廉·莫里斯就呼吁"用保护替代修复"，并敦促古老建筑的负责人和机构"不要打着其他艺术的幌子，而应该实际地去抵制所有擅自改变古老建筑原有结构或者装饰的行为"，同时让他们接受这样一个现实，那就是，"现代艺术一旦染指古老建筑，必将带来破坏"。

　　英国古建筑物保护协会设立了一系列的保护原则并一直沿用至今。其中包括：倾向于小型修补而不是大规模修复，协会呼吁对古建筑进行定期维护，而且仅仅是对于严重威胁建筑存亡的部分进行作业。如果的确需要增加新的工作量，就应该使用具有同等性质的材料谨慎操作，采用一种"接近真实的替代选择"，而不是尝试去复制。该保护原则强调尊重岁月的痕迹和理解建筑完整的重要性。掏空建筑的内部而仅仅让其外表保持原样——这是后来很多政府规划部门在面对城市发展给民众带来的不安情绪时，往往会鼓励的做法，而这却是最难以让人容忍的。

　　在英国，国家名胜古迹信托基金于1895年成立，已经发展成为最受会员欢迎的机构之一，拥有和管理着数百栋大楼、花园和景观。英国在1913年通过了首部历史建筑保护法，一群神秘的蒙面青年女子在20世纪20年代以"弗格森帮"的名誉，反对麻木不仁地建设和发展，筹集和捐赠资金用于购买重要的和濒临消失危险的古建筑。1944年英国颁布的《城镇和乡村规划法》列出了国家级的历史建筑。五年后，美国成立了国家历史保护信托基金会。

　　20世纪60年代，面对大规模的重建项目，各种轰动一时的建筑成为关注的焦点，这逐渐激起了公众对于失去昔日熟悉的地标性建筑的忧虑与不满。1960年，英国运输委员会宣布打算拆除优斯顿火车站，其中就包括修建于1837年的希腊复兴风格的大型拱门。这一消息迅速引起了古建筑保护者的强烈反对，一群维多利亚风格的狂热支持者组成团体领导了这场保护运动，其中就包括约翰·本杰曼和尼古拉斯·佩夫斯纳，以及年轻一代的现代主义者，例如史密森夫妇。随后，贝杰曼成功阻止了圣潘克拉斯火车站的拆除。然而在美国，纽约的宾夕法尼亚火车站就没那么幸运了——1964年火车站被拆除的结果震惊全国，进而促进了美国在古建筑保护方面重视程度和执行力度的提升。同年，哥伦比亚大学首次开设了古建筑保护相关课程，由詹姆斯·马斯顿·菲奇任教，而建筑保护的范围如今已经从古建筑扩展到20世纪60年代颇具争议的现代主义风格建筑。

建筑作为我们内心感受的投射

观念 55
共　情

英语中的empathy是"共情"的意思，在德语中对应的词是"Einfühlung"，"共情"这个概念是指我们所体验到的某个事物或者某个人的重要特质，或者说我们认为属于该事物或该人的重要特质，其本质上是我们自身内心感受和想法的投射。

顶图：早期许多习惯石柱比例的人们，在看到铸铁柱时都非常吃惊。他们认为后者实在太过精细，感觉不舒服，例如位于英国舒兹伯利的这家亚麻纺织厂（1796年）的柱子。

上图：古纳尔·阿斯普朗德设计的哥德堡法院扩建项目（1934—1938年）里的这段楼梯，以宛如流水的最下面几级台阶和弹性柔美的钢制扶手，暗示它们正等待使用者登场。

德国艺术心理学家罗伯特·费舍尔在他的著作《光的形式感》（1872年）一书中，最先提出了"共情"的概念，随后被一些有影响力的艺术史学家采用，诸如海因里希·沃尔夫林和奥古斯特·施马索夫等人，在他们的理念里，亲身体验建筑物对于建筑的审美体验来说至关重要。

共情的理念植根于康德的理论之中，他认为纯粹美也就是形式之美。对于有些人来说，康德的言论是对柏拉图式的传统美的再次肯定，认为美是数学关系的产物；对于另外一些人来说，尤其是黑格尔的追随者，是试图通过艺术来表达一种观点；而对于共情理论的支持者来说，他们相信美来自对于感受和情绪的表达。共情理论派支持者认为，艺术品中所存在的形式关系的动力学意味着观众会有着同等身体和情感上的态度，因此观众在观看一件艺术品的时候，会把其感受当作艺术品固有的特质来体验。审美的愉悦或许可以因此被理解成一种主观和客观体验交融的自我享受。

特奥多尔·利普斯在他的著作《美学》（1903—1906年）一书中，花了大量的笔墨来阐述共情理论，但仍然有大部分会让人感到困惑。这一理论后来经杰弗里·斯科特在1924年出版的《人文主义建筑》一书中介绍给更为广泛的英国读者。在该书中，他宣称："我们的审美取决于我们多大程度上能够将亲眼见到的物质形态，以更加富有想象力的方式在我们的意识中重建，能否将艺术品中存在的力量或缺憾归结到我们自己的生活里。"正如该书的书名所示，斯科特的书是在为古典主义摇旗呐喊；在谈到"重新创造的能力"时，经常被引用来说明的例子就是希腊圆柱的收分线，收分线让圆柱看来起来有些膨胀，就好比人在受到重压的时候，也会产生

"伸缩肌肉"的反应。德国建筑家阿道夫指出，我们在面对新型材料时，往往不能做出同样的反应，总会认为铁柱子轻而单薄，就像我们认为鹤的腿很单薄一样，"我们想象自己长着这样的腿，然后就会感觉到自己的身体无法平衡"。

另外两位北欧的建筑作者也在他们最著名的作品书名中，强调身体的、非知识性的建筑体验，其中一位是斯坦·埃勒·拉斯穆森，他于1959年出版的《体验建筑》一书至今仍然在建筑学院中备受推崇；另外一位是克里斯汀·诺伯格–舒尔茨，他的《体验、时间和建筑》（1963年）是刻意和西格弗里德·吉迪恩的《空间、时间和建筑》（1941年）相比较，后者强调的是比较抽象的建筑层

多立克圆柱的收分线经常被诠释成类似人体的肌肉，会在承重时微微向外隆起，位于意大利帕埃斯图姆的谷神殿（公元前6世纪末）就是最早期的范例之一。

面。近来，马丁·海德格尔和莫里斯·梅洛–庞蒂等人所提出的现象学为基础的建筑理论和实务，也特别强调建筑的感性特质。另外，建筑师安藤忠雄也在作品中探讨了日本人强调天人合一的概念。

"气候堡垒"的出现

观念 56
空　调

空调与中央取暖系统和通风系统相反，它除了可以让建筑物保暖之外，也能让建筑物制冷。空调的前身与一些传统科技有关，例如古罗马人利用引自高架渠的冷水，中国早期利用旋转风扇，中东地区的人们利用水的蒸发。早在17世纪，科尼利斯·德布雷就曾向当时的英国国王詹姆斯一世展示如何将"夏天变成冬天"。他采用的是在水中加盐的做法，但是真正意义上的空调其实是来自19世纪和20世纪早期的发现和发明。

在建筑中安装诸如空调之类的设施，需要大量的钱和空间。伦佐·皮亚诺和理查德·罗杰斯在设计巴黎蓬皮杜中心的空调设施时，没有将空调埋入管道中，而是让其显现在建筑外且面向街道的立面。

1820年，英国科学家发现，将氨气压缩液化之后，再蒸发时，会让空气出现戏剧性的冷冻效果；1842年，美国佛罗里达州医生约翰·哥里利用压缩机械制造出冰块，让医院保持凉爽。他雄心勃勃地希望能设计出一套中央空调系统，为整座城市提供冷气，遗憾的是这个计划最终因为财务赞助人的辞世而告终。表现主义派诗人保罗·希尔巴特也提出过类似的想法，他想象冰冷的空气流动在层层玻璃之间，类似勒·柯布西耶在20世纪20年代末所提出的"中和之墙"，他的灵感可能来自后者。

最早的电子空调系统是1902年由威利斯·哈维兰·开利发明的，他的"空气处理装置"可以控制纽约布鲁克林一家印刷厂的温度和湿度，使得产量提高。这项发明成果促使他成立了美国开利空调公司，并在1928年引进第一个大规模的家用系统，被称为"天气制造者"的这款空调可以独立安装在窗户上，后来成为美国家喻户晓的日常家用电器。

虽然空调在博物馆、画廊、实验室、医院这类具有特殊用途的建筑中，以及在湿热地区极有价值，但是和电灯一样，它对建筑的影响也不都是积极正面的。例如，建筑师必须想办法容纳那些大型管道。对于这类挑战，路易斯·康曾宣称"这对于勒杜来说容易多了，因为他不需要考虑管线"，他也因此发展出服务性与使用性空间的理念。此外，随着对能源日渐增长的需求，建筑师越来越不重视建筑物的方位和开窗这些既能降低能源损耗，又可以增加建筑个性的设计。人们认为办公室就应该有"完美的"光线、温度和湿度，这种想法也使得办公环境变得越来越同质化。

后来，因为发展出可以在小范围由使用者控制的环境条件，加上20世纪70年代初期能源危机所显露出的影响逐渐发酵，建筑师开始再次思考被动式设计的种种技术，希望能减少甚至消除对空调的依赖。不过，在气候炎热、石油产量丰富的国家，空调还是不断有各种充满异国情调的新用途出现，例如迪拜修建了一座室内滑雪场，而阿布扎比的基础建设新工程中预计要纳入500辆装有空调的公交候车亭。面对全球气候变暖可能造成的巨大影响，兴建能源密集型的"气候堡垒"甚至已经成为富人和重要机构确保温度舒适的一种手段。

当代有些气候恶劣的城市，例如迪拜，就几乎无法离开空调。

装饰的终结

上图：帕米奥疗养院采用双人病房设计，每个细节都经过了深思熟虑，包括柔和不刺眼的灯光、从顶部辐射的暖气、不会溅起水花的洗脸池，以及能够架高以方便清洗的钢架床。

右上图：帕米奥疗养院的平屋顶如同连绵的甲板，可以让患者在此享受新鲜空气和阳光，这是当时治疗结核病的唯一方式。

观念 57

形式追随功能

实用、坚固和美观是所谓的维特鲁威三要素，在建筑领域，大概没有几个主题能够比这三者之间的关系更具有争议性。主张"形式追随功能"的功能主义者相信，只要正视一栋建筑物的功能和结构要求，美自然而然就会随之产生。

这种观念的根源可以追溯到哥特复兴时期的建筑师，例如奥古斯都·威尔比·诺斯摩尔·普金和维欧勒·勒·杜克。普金认为"任何与建造本身或与其便利和规范无关的特点，在建筑中都不应该出现"，还指出"所有的装饰都必须由基本的建造构成"。这种看法得到美国建筑师路易斯·苏利文的呼应，"形式追随功能"的说法就是由他提出，并用飞翔的老鹰、盛开的花朵和流动的溪水等大自然中的例子来加以阐释，这种采用生物做类比的方式很快成为一种惯例。

苏利文其实是一个非常善于运用复杂微妙的有机造型的装饰大师，这些装饰有时甚至盖过了他所谓的"形式"的风头，因此他对"功能性"建筑的看法，则与奥古斯都·威尔比·诺斯摩尔·普金不同。但"形式追随功能"的理念也引出一系列问题：究竟应该追随"哪个"或者"谁的"功能？对于有的人来说，像古典柱式这样的装饰本来就归属于建筑定义里的"功能"；但是对于现代主义者来说，由于他们和宣称"装饰即罪恶"的阿道

任何与建筑本身或与其便利和规范无关的特点，在建筑中都不应该出现。

夫·鲁斯的观点一致，坚持认为应该将所有装饰从建筑上清除。

不过，虽然"形式追随功能"这句口号是用来形容建筑师试图与新的社会需求和科技方法协调一致，但它也很适合一些专业建筑，例如阿尔瓦·阿尔托设计的帕米奥疗养院（1928—1933年，见上图）。这种建筑从平面的分区规划到充满创意的设计和家具，处处受到功能主义理念的影响。表现结构是功能主义建筑所公认的特点之一，但事实并非这么简单，例如密斯·凡德罗所谓的"皮包骨"设计是为了表现建筑的结构框架，但他很厌恶用交叉支撑来满足建筑物的稳固需求，也很少表现这部分。另外，勒·柯布西耶宣称"住宅是居住的机器"，这听起来似乎是标准的功能主义的观点，他的作品却很少体现出这个理念。自由平面是一个聪明的策略，可以对比较轻松的现代生活风格做出精彩回应，但这种建筑表现手法并非现代生活的必然结果。而勒·柯布西耶所提出的"新建筑五点"中的水平长条窗，也不像某些传统窗形那样合乎"功能"。

阿尔瓦·阿尔托设计的帕米奥疗养院是由功能主义式的侧翼楼宇组合而成，从整体组合到细节与家具，无一例外地全部遵循"形式追随功能"的原则，这是一个极为少见的例子。

到了20世纪30年代，随着"国际风格"的出现，"形式追随功能"的建筑也逐渐跟简约的、无装饰的设计走向画上等号，而不是用富有创意的想法来解决问题。最为讽刺的是，世界各地如今充斥着"功能主义"标签的建筑，但事实证明，不管是从居住者的需求还是环境效能的要求来看，其中很多都是有史以来最功能失调的代表。

1926 年由沃尔特·格罗佩斯在德绍建立的包豪斯学派，无论是在其教学过程中，还是在其设计的建筑之中，对赋予机器时代可触摸的形式方面，做出了比其他任何学派都要突出的成绩。

建筑是以空间诠释的时代意志，鲜活、新颖、日新月异。

一个时代的风格

观念 58
时代精神

1828年，默默无闻的德国建筑师海因里希·胡布斯出版了一本题为《我们应该建造什么风格》的书。他的提问后来得到著名古典主义建筑师卡尔·弗里德里希·辛克尔的回应："每个重要的时期都会留下自己的建筑风格。难道我们不应该尝试寻找我们这个时代的风格吗？"这样的回答就为"时代精神"的提出埋下伏笔，对后来建筑的现代运动产生了巨大影响。

玛丽安·布兰德和汉斯·帕黎贝姆设计的吊灯（1926年，上图）、马歇尔·布劳耶设计的著名的瓦西里椅（1925—1927年，下图），都具有优雅的几何造型，是典型的包豪斯风格，该流派的影响力一直延续至今。

例如，德国建筑师彼得·贝伦斯试图寻找一种"绝对清晰如数学般精准的空间形式"，想借此表现德国的"民族精神"。而密斯·凡德罗也在20世纪20年代宣称，"建筑是以空间诠释的时代意志、鲜活、新颖、日新月异"。

这个想法在德国哲学界根深蒂固。对于康德而言，历史是正在展开的一项"世界计划"，每个时代都是在其中寻找自己的自然表现；但是在黑格尔看来，时代精神是一种积极的力量，不仅能塑造某个特定社会或文明的气质特征，同时也能界定出它们在人类社会文化进程中所占据的位置。这样的历史观，对于德语区学院派艺术史的创造者，包括雅各布·布克哈特、海因里希·沃尔夫林、阿洛伊斯·里格尔和埃尔文·潘诺夫斯基，都发挥了极大的形塑作用，并通过他们影响到了两位现代建筑的大力提倡者——尼古拉斯·佩夫斯纳和西格弗里德·吉迪恩。吉迪恩在他1941年出版的《空间、时间和建筑》一书中写道，透过沃尔夫林，他"学会了捕捉一个时代的精神"。

对于佩夫斯纳为之命名的现代运动的支持者而言，难以捉摸的时代精神必须在机器的效率中寻找，而大批量生产也必须取代手工制品，因此"机器时代"一词频繁出现，他们也相信具有代表性的新建筑会从对钢材、钢筋混凝土和平板玻璃等新材料的合理运用中出现。为了宣扬这个观点，佩夫斯纳、吉迪，以及其他人着手建构现代建筑历史，将它的发展追溯到哥特式复兴时期，强调建造本身是建筑的基础，接着经过美国艺术与工艺运动和新艺术运动，最后变成所谓的国际风格。这种观点首先由佩夫斯纳在1936年出版的《现代运动的先锋》中提出，之后便不断在各时期的历史中引起回响。

对于时代精神是塑造建筑的积极力量这一观点，后现代主义者普遍不以为然，并在1977年大卫·沃特金出版《道德与建筑》一书时，引起了最强烈的联合攻击。身为古典主义的代表人物，沃特金发现现代主义者拒绝其他所有风格，认为那些都不符合"这个时代"的调性，他对于这种态度深感厌恶。他也不喜欢奥古斯都·威尔比·诺斯摩尔·普金、维欧勒·勒·杜克、勒·柯布西耶和其他人一脉相承的道德主义，因为那些人宣称唯有他们所选择的风格才能忠实、理性地反映社会的真正需求。

最基本的建筑"材料"

观念 59
空 间

空间是最基本的建筑"材料"的想法，充斥在现代主义和建筑史的文献中，不过它的起源其实比较晚，大约可以追溯到1893年奥古斯特·施马索夫获得莱比锡大学艺术史教授职位时所发表的那场演说。

施马索夫演说的题目是"建筑创作的本质"，他在演说中抨击构造派的主张。改革派认为建筑的本质在于将建造元素按照构造原理组合起来，他则主张应该从更宽泛的整体概念中寻找建筑的本质。他把这种观点称为"基因"理论，以人类心理学为基础，他认为，"我们的空间感和对空间的想象力，使我们超越空间创造前进，并在艺术中得到满足。我们把这种艺术称为建筑，通俗来说，就是所谓的空间的创造者。"

为了跟上德国当时最受关注的时代精神议题，施马索夫表示，空间概念的源头也可以在"最深层次的文化能量中"找到。他引用阿洛伊斯·里格尔的观点来说明这一点，后者曾撰文讨论一个时代的"艺术"。这个想法很适合用来为机器时代构建一种

新建筑理念，首先响应的人是彼得·贝伦斯。而现代建筑的三大巨头：密斯·凡德罗、勒·柯布西耶和沃尔特·格罗佩斯，都曾在他的建筑事务所工作过。

施马索夫大力倡导空间所具有的优越性，这项主张很快就在艺术家、评论家和建筑师当中引起关注。例如，捍卫文艺复兴与人文主义的英国艺术史学家杰弗里·斯科特就曾提到："建筑师之于空间，就像雕塑家之于泥土。他把空间当成艺术品来设计。"不过这个概念真正流行

我们把这种艺术称为建筑，通俗来说，就是所谓的空间的创造者。

起来，是在西格弗里德·吉迪恩1941年出版的《空间、时间和建筑》一书之后。该书确立了现代建筑的本质在于发展一种新的"空间概念"，让建筑的内部和外部"互相渗透"，成为一个空间的连续体。弗兰克·劳埃德·赖特在20世纪初也曾提出过类似的观点——一种扩大版的"大草原空间"；而在20世纪20年代荷兰风格派的新造型主义空间，即勒·柯布西耶所谓的"难以形容的空间"，以及其他各种概念的不同说法，全都抢着要为新时代发言。不过，这些人中表达得最为清楚的莫过于密斯·凡德罗，他在1923年曾写道："建筑是以空间诠释的时代意志，鲜活、新颖、日新月异。"

现代主义风格空间的抽象特质，已经被许多第二代现代建筑师予以"软化"，例如阿尔瓦·阿尔托。另外也受到阿尔多·范·艾克的挑战，他支持"场所和场合"更胜于抽象的"空间与时间"。尽管如此，在大多数人的想法中，空间创造依然是建筑师的首要任务。这点在弗兰克·盖里、丹尼尔·里伯斯金和新一代数字设计者的"扭曲的空间"中表现得最为真实，我们可以从中发现，属于我们的时代精神正在浮现。

"全新"的震撼

观念 60

现代性

苏联艺术家埃尔·利西茨基（1890—1941年）制作的这张摄影蒙太奇，将现代性的两个符号影像结合在一起：一是勒·柯布西耶所谓的爱运动类型，二是工业城市的光电街景。

建筑上的现代性始于20世纪20年代的艺术运动，它反映出了那个时代的技术创新。其定义是对于抽象、空间和透明性的关注。

法国诗人查尔斯·波德莱尔在《现代生活的画家》这篇著名的文章中写道："现代性就是过渡、短暂、偶然，它是艺术的一半，艺术的另一半是永恒和不朽。"波德莱尔所描述的现代性，或许其首次以视觉方式呈现是在印象派的画作中。在奥斯曼男爵规划重建下的巴黎，熙熙攘攘的现代生活和新铺砌的繁华时尚的大街，像是水面或树叶上闪烁的浮光掠影。而它正好也可以用来说明当时横扫欧洲的一系列彼此关联的运动，例如野兽派、表现主义、立体派、未来主义、达达主义和超现实主义等，这些运动在第一次世界大战前后获得了蓬勃发展。由于建筑是一种相对稳固、长久的建造艺术，人们或许会认为建筑必然倾向于"永恒和不朽"，但建筑师同样渴望自己的作品能捕捉到工业城市的现代性。

最早在出版物中将"现代"和"建筑"这两个词联系起来的，是维也纳建筑师奥托·瓦格纳。这两个词接连出现在他1896年出版的著作《现代建筑》的书名中，这是在1894年当瓦格纳出任维也纳艺术学院建筑系教授的就职演说稿的基础上整理出来的。他在书中写道："建筑应该反映人类的新使命和新观点，必须对现有的形式做出改变和重组。"他呼吁，建筑师应该设计明亮、通风的住宅，加上简单的家具，以便搭配格子马裤以及现代城市里随处可见的休闲装。同时，瓦格纳鼓励使用薄石板覆层，将采用结构框架的新建造形式诚实地表现出来。

当时，歌颂新建造方法的无穷潜力已经成为现代建筑现代性的最主要的表现手法，于是奥托·瓦格纳在最新版的《现代建筑》一书定稿之前，加了这样一个副书名："我们这个时代的建造艺术"，借此来表示自己紧跟潮流，与时俱进。

建筑和其他视觉艺术一样，要将现代性充分表现出来，都牵涉到一系列的美学和技术创新。抽象是一种表现手法，可以剔除掉过时的风格，将建筑物简化成纯粹的形式语言。立体派画作里的浅层空间，在勒·柯布西耶20世纪20年代设计的自由平面别墅中找到了知音。大块玻璃除了提供透明性，可以让空间连续并表现结构之外，还能以令人着迷的方式产生反射，捕捉到短暂与偶然这两个波德莱尔笔下现代城市的特质。密斯·凡德罗在1919年和1923年的两栋玻璃摩天大楼设计方案（参见对页图）中，也试图分别透过反光面和波浪式平面来发挥玻璃的反射效果。

最后，建筑物的造型也能让人联想到更动态、更先进的科技，例如轮船和汽车。德国建筑师埃里希·门德尔松设计的爱因斯坦塔（参见第142页图），或许是世界上第一栋看起来像在空间中移动而非稳稳矗立的建筑。勒·柯布西耶设计的住宅都是他自己所提出的"新建筑五点"内涵的精妙体现——轻盈地高踞在基础上，给人一种只是半贴在地基上的感觉，而住宅的屋顶花园则会让人感觉置身甲板之上。

密斯·凡德罗在1919年为柏林弗雷德里希大街的一栋玻璃摩天大楼所画的设计参赛稿中，将功能主义者对用"诚实"手法表现建筑结构的信仰（内部构造要清晰可见），与表现主义者对难以捉摸的反射的迷恋融为一体。

弗兰克·劳埃德·赖特认为混凝土的真实"性质"在于它的流动性和连续性，这个想法最终在他设计的纽约古根海姆博物馆（1943—1958年）的螺旋形造型中得到了戏剧化的表现。

尊重材料的本质

观念 61
材料属性

弗兰克·劳埃德·赖特宣称："如果根据材料的本质加以使用，那么，每一种新材料都意味着一种新形式、一种新用途。"这种尊重材料本质进行建造的理念，可谓真正的"现代"建筑的标签，它始于19世纪关于建筑风格的辩论，但其产生的根源在于现代科学的兴起。

伽利略和达·芬奇都意识到，结构不仅仅是简单等比放大或缩小，而是根据结构尺寸和使用的材料来调整比例，就像伽利略所提出的动物骨架的例子。古典主义认为形式独立于物质之外的观点已经站不住脚，科学家和工程师也开始将材料的属性数据化，便于使用数学的方法来计算它们的效能。

根据材料的属性来运用结构法则的理念，为建筑形式提供了新的理论依据，而这种理念也成为将建筑视为建造艺术观点的核心。对这种建造理性主义最系统的阐述，是由法国人维欧勒·勒·杜克提出的。他强调，对于材料的通盘了解是"布局的首要条件"，建筑师应该"传承自然女神的处理方式"。

不过，表现材料的"本质"理论上说来简单，在实际操作中却并没有那么容易。当路易斯·康需要在墙上设计一个开口时，他可以问砖头："你想要什么？"然后砖会回答道："我想要一个拱形。"可是对其他很多材料而言，答案可能就没这么清晰了。"透明"和"反射"都是玻璃的"本质"，对于希望能够将建筑内部结构清楚地呈现出来的人而言，玻璃的反射属性就让人烦恼。但在瑞士建筑师彼得·祖索尔和古耶与吉贡眼里这却又成了极具价值的特质。

如果碰到钢筋混凝土等复合材料，情况就更加复杂。钢筋混凝土的强度基于隐藏在里面的钢筋与钢网；它最终的外形却又是由浇筑它的材料的"本质"决定，而不是它自身的组成成分来决定；它在浇注时是流动的，凝结后又变成了固体。赖特设计的纽约古根海姆博物馆（对页图）是体现混凝土流动性的不朽杰作，而约恩·乌松却利用钢筋混凝土同样的属性，在悉尼歌剧院（参见第39页图）中央广场的混凝土预制板上，创造了类似人体骨骼的结

彼得·祖索尔在瑞士设计的圣·本尼迪克特教堂（1989年），外部以小木屋作覆面，内部以木材作架构和家具，展现出根据单一主建材作设计所能发挥的美学优势。

构——一种可以完美展现出力量的结构。

与所有尝试把建筑形式归于某种绝对因素（例如功能或结构）上的想法一样，"尊重材料本质的原则"也无法提供一条"简单合理的"解决之道。相反，它传达了一种根据特殊情况来调整形式的态度，而不是把某种先前存在的风格生搬硬套上去。

现代建筑唤起人们对古代类似于壁
毯和衣服的织物质地的回忆和联想。

赫尔佐格与德梅隆建筑事务所
设计的位于伦敦东部的拉邦舞蹈中心
（1997—2002年），跟两人设计的
很多其他建筑一样，继续彰显出两人
对于覆层的浓厚兴趣。这一设计中他
们采用了各种不透明的、半透明的和
透明的覆层包裹在建筑外面。

精心装扮的墙

覆　层

1992 年，费城一栋兴建中的建筑物。这栋高楼显示出现代建筑工程的"自由度"：以标准化钢骨支撑覆层用的栏杆和四分板，后者和建筑物的基础建造工程没有任何关系。

　　覆层是一个古老的概念：古希腊人在大理石上涂抹油漆，古罗马人则经常为砖墙"穿上"薄层的石材砌面。但是在19世纪，覆层却成为一个引起激烈争论的话题。结构框架的出现，使得建筑物的墙面不再需要承重，这两点也成为导致争议的催化剂。面对这种全新的建筑方式，我们该拿什么作为建筑表现的基础呢？

对于这个问题，最令人兴奋的答案出现在19世纪末的芝加哥，前所未有的超高建筑吸引了所有建筑师的目光。例如，伯纳姆和鲁特设计的瑞莱斯大厦（1890—1895年），就是用连续的水平长条玻璃板作为覆层，为后来帷幕墙的出现开启了先河。不过，覆层理论的基础似乎与考古学家在希腊神庙的发现引发的争议有关——考古学家发现古希腊神庙原本涂有七彩明亮的颜色，并不是"纯粹"的大理石构造（参见第112页图）。

　　对许多人而言，这项考古发现令人难以接受，但在德国建筑师戈特弗里德·森佩尔看来，这倒恰恰证明古希腊人的确拥有考究的审美品位。1851年伦敦世界博览会上展出了一栋加勒比海小屋，森佩尔针对这栋小屋发表了《建筑四要素》一文。在文中，他的观点进一步成形。森佩尔指出，如果建筑的本质只是把空间圈起来，那么最早用来界定空间的元素就不是结构墙，而是挂在某个框架上的毯子和布匹，因此现代建筑应该恢复那种类似纺织品的质感。

　　森佩尔的理论影响广泛，瑞士建筑师奥托·瓦格纳就直接在建筑物表面模仿过早期纺织品，例如他所设计的马略尔卡府（1898—1899年）以瓷砖作为覆层，创作出巨大的花卉"织物"，仿佛是从巨型的装饰钉上垂挂下来；而他设计的邮政储蓄银行（1894—1902年），则是以那些钉住超薄石材覆层的固件而闻名。另一位支持建筑"诚实性"的英国评论家约翰·拉斯金，应该也会赞同这种做法，他在《威尼斯的石头》一书中，称赞圣马可大教堂用"众所周知的钾钉"来固定薄薄的石头覆层。

　　阿道夫·鲁斯在1898年发表《覆层的原则》一文，在文中详细阐述了森佩尔的想法，他采用自己设计的建筑作为生动的案例，来解释如何运用材料与生俱来的"形式语言"。在建筑物外部，他喜欢涂上一层灰泥或是包上一层花纹复杂的石材，两者显然都不具有结构方面的功能（他称之为"永久性壁纸"）；在建筑物内部，他会根据房间的用途和氛围选择材料，例如在穆勒别墅（1930年，参见第134页图）的设计中，为女主人的书房选用了浅色实木贴面，图书室则选择了更阳刚的红木。

　　长久以来，起源于芝加哥的帷幕墙一直被视为现代建筑的一大核心。直到最近，才开始有人重新审视森佩尔的理念，甚至有人以挑衅的口吻重新解读勒·柯布西耶早期的作品，认为那是在最原始的建筑上披上了一件纯白色的外衣。与此同时，建筑材料表面也开始引起人们的广泛关注。这股趋势最早和几位瑞士的建筑师的作品有关，例如赫尔佐格与德梅隆建筑事务所的作品（对页图），以及彼得·祖索尔的作品。如今帷幕墙材料随处可见，其中部分得归功于雨幕覆盖墙这项影响深远的技术创新。

仿生建筑

观念 63
有机建筑

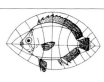

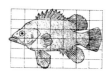

建筑作品可以被认为拥有它自身的某种内在法则，例如几何、结构、比例等，这些法则会根据所选择的材料和场地的特定条件而做出相应的调整。这就是将建筑类比成一个有机体，而有机体会根据它的内在构造和外部环境做出相应的改变。

达西·温特沃斯·汤普森出版的权威著作《论生长和形态》（1917年）一书中指出，生物学家过度强调进化论，忽略了物理法则和力学的重要性。他以令人回味的插图（例如上面这几张鱼类的几何变形图），确立了他在未来众多设计师中的影响和地位。

将艺术品类比成大自然的有机体，由相互依赖的各个部分组成一个整体，这个观点可以追溯到亚里士多德的著作《诗歌》，并在18世纪和19世纪的德国思想界获得新的能量，它在康德和黑格尔的哲学理论中扮演了重要角色，也是歌德集中关注的话题。通过对植物学的研究，歌德提出有机体形成的两大法则：一是内在本质法则，即有机体根据其内在的本质组成；二是外在环境法则，即有机体根据外部环境做出调整。

歌德的理念对弗兰克·劳埃德·赖特产生了很大影响，在建筑设计方面，他比任何建筑师都更加投入地去尝试创造"有机"建筑。他一方面以积极的态度去理解和遵循"有机"的理念，包括对场地做出回应，尊重"材料的本质"，并经常在建筑中使用网格或模数。但他同时也排斥其他理念，在他看来，其他人的设计没有一个是真正意义上的有机建筑。

随着进化论的出现，人们开始思考，建筑风格是否也可以和自然有机体一样实现"进化"。而生物学家越来越多地这样看待自然形式：一方面是为了合乎功能上的使用而产生的结果，另一方面是形态学规则的基础，例如仿佛无所不在的对数螺旋，有些人也将其称作"生命曲线"。后一种观点在达西·温特沃斯·汤普森那里进一步得到了阐述。1917年，他在其出版的权威著作《论生长和形式》中，将形态学推向巅峰。虽然这本书和当时的生物学有着不同的论调，但它在建筑界广受欢迎，它是悉尼歌剧院的设计师约恩·乌松要求员工必读的唯一一本书，最近该书在复杂理论的支持者中也诞生了一批新粉丝。

功能主义的思潮在20世纪20年代开始流行，并受到德国生物学家拉乌尔·法朗士的推崇。他在《植物发明家》（1923年出版德文版，1926年出版英文版）一书中写道："为某种特质而规定出某种特定的形式是必然的。因此，总是有可能……根据形状推测出行动，根据行动推测出目的。在自然界，所有的形式……都是必然性的产物。"这种观点显然和功能主义者的思想并行，拉乌尔·法朗士的图解也因此出现在现代主义重要领军人的著作中。例如，勒·柯布西耶在他的作品中宣称"生物学是建筑界和规划界的伟大新词汇"。

随着形态生成设计软件的问世，采用类似于大自然创造有机体的方式设计建筑的做法也形成了一股新潮流。"建筑进化论"的支持者、美国建筑师格雷戈·林恩将这视为人造生命的一种形式，必须遵循类似的形态生成、基因密码、复制和淘汰等原则，目的是为了打造出能形成共生行为和代谢平衡的建筑，因为这两者正是自然有机体的特质。到目前为止，这类作品还停留在模拟阶段，但其历史渊源相当长。

在自然界，所有的形式……都是必然性的产物。

西班牙建筑工程师圣地亚哥·卡拉特拉瓦经常宣称他受到自然界的启发，图中所展示的位于美国威斯康星州的密尔沃基艺术博物馆新馆，是2001年完工的密尔沃基艺术博物馆的新增部分。全玻璃覆盖的接待大厅上面是可调整的、翅膀形状的遮光结构（上图），而博物馆内部则是受到波浪的启发，看起来像白色的鲨鱼骨骼（下图）。

阿道夫·鲁斯设计的房子外表都极为朴素，例如布拉格的穆勒别墅（1930年），该建筑的设计理念就浓缩了他在1908年发表的《装饰与罪恶》一文的精华，但是朴素的外表却和建筑内部丰富的装饰形成巨大反差。

1911年建于维也纳米歇尔广场的商住两用的鲁斯之家，大面积采用花纹华丽的大理石。在这方面，鲁斯认同奥托·瓦格纳的观点，大理石花纹是传统工艺的替代品。

揭露现代建筑的"真相"

观念 64

装饰即罪恶

　　"装饰即罪恶"的说法出自1908年阿道夫·鲁斯的一篇文章。在文中他指出，当代建筑、家具、服装和其他日常生活用品中大量使用装饰，实质都是为了掩饰文化的平庸。

在1920年之前，这篇文章并不广为人知，直到1920年被发表在勒·柯布西耶和画家阿梅代·奥尚方联合创办的第二期《新精神》杂志上，才得以与广大读者见面。事实上，鲁斯本人并不像他的文字所描述的"装饰即罪恶"这般公然地反对装饰，他并没有把装饰和罪恶画等号，而是认为"文化的演进等同于将装饰从日常物品中去除"，尽管他的文章标题是"装饰即罪恶"，而他直接攻击的目标是维也纳分离派的过度装饰。

　　鲁斯的这篇文章之所以臭名昭著，部分原因是因为他绘声绘色的论述风格。他把巴布亚人的文身和现代人的文身进行对比，认为前者是艺术的起源，而后者则是堕落和犯罪的标志。虽然他反对装饰，但很喜欢在作品中使用带有清晰花纹的石材和丰富纹理的木材。由此可见，他并不反对适度的装饰，甚至认为这是传统惯例的一部分，用来在彼此共享的社会秩序中传达意义与身份。

　　在鲁斯看来，真正的罪恶是去装饰那些功能性的物件，把它们卷入昙花一现的时尚世界，比如对于生命周期很短的装饰布料

或者地毯来说，使用装饰是合适的，但是对于精心设计的建筑和使用耐久材料制作的物品来说，装饰就是一种侮辱。他的论点有一部分和美学理论有关，他曾说过，他"热爱珍贵平滑的表面"；但另一方面也和进化及道德有关，他把摒弃装饰视为一种生物学的现实，而且痛恨浪费资源，谴责制作精良的物品竟然被时尚淘汰。

　　1924年，鲁斯在回顾那篇让他声名狼藉的论文时写道："（我）从来不曾像纯粹主义者那样去思考，不认为这个论点荒谬，也不认为装饰应该被系统地废除。只有在岁月流转中被遗弃的装饰，才真正无法重生。"但这段文字来得太迟：缺乏装饰已经变成一个新建筑的标志，并同诚实、简洁画上等号，日后还成为国际风格的标志性特征。

　　"装饰即罪恶"注定要成为新风格的标语，这种新风格以道德纯洁为前提，并挥舞着打击离经叛道的大棒。直到20世纪70年代后现代主义的出现，装饰的优点才重新被正视和支持，虽然后现代主义者最初只是把装饰当成一种揭示现代主义缺陷的讽刺形式，而不是把它当成某种更具包容性的建筑整体的一部分。在近来装饰历史上最具有讽刺意味的事情，可能是在建筑师为机器时代寻求表现方式的过程中，装饰一直被排除在外，然而因为电脑辅助设计的出现，人们对装饰重新产生了兴趣。

开放、流动的内部空间

对页图：格里特·里特维尔德设计的施罗德住宅（1924年）采用开放式平面，可以用推拉式滑墙为施罗德夫人和小孩创造出私密空间。

下图：密斯·凡德罗在1929年为巴塞罗那世博会设计的德国馆，以精致的石材和透明的彩色玻璃自由组合布局，将自由平面的新理念具体呈现出来（参见第125页图）。

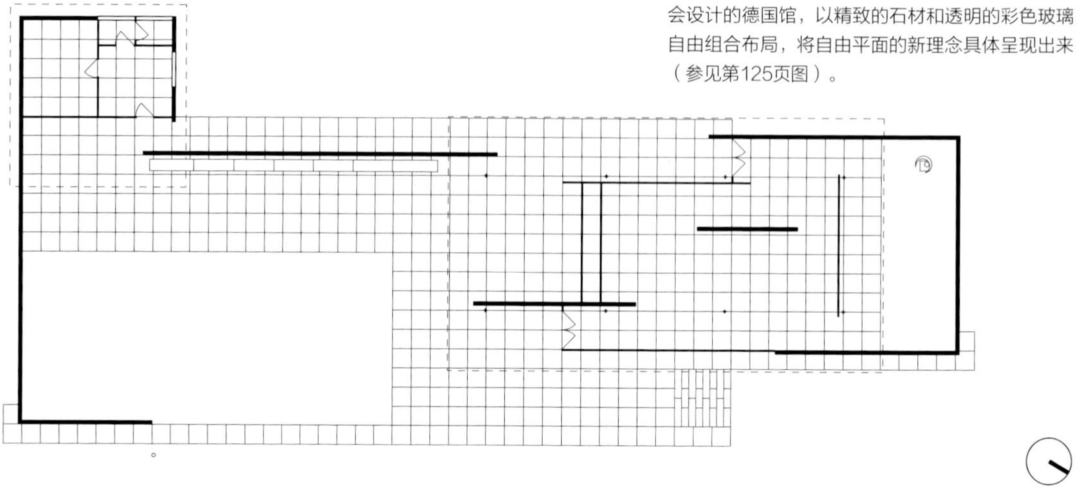

观念 65

自由平面

建筑的"自由平面"是由两个概念组合而成：一是钢筋或者混凝土的结构框架，让内部细分从传统的承重功能中解放出来；二是开放性的空间布局。

自由平面始于英国的艺术和工艺运动，并在20世纪初在弗兰克·劳埃德·赖特设计草原式住宅中所采用的"破坏的盒子"的做法而具体化。自由平面也是勒·柯布西耶1927年出版的《新建筑五点》中的第三点，这五点原则的提出是为了推进他在德国斯图加特进行的魏森霍夫住宅小区项目计划，该计划集合了当时欧洲最主要的现代建筑师的作品。

勒·柯布西耶对自由平面的表达的特点是：结构网格与隔墙之间形成对立，隔墙从柱子旁边经过，把浴室和洗手间这类次要空间包围起来，以此显示隔墙摆脱了结构束缚。萨伏伊别墅（1928—1930年，参见第141页图）是勒·柯布西耶当时集大成的代表作，在这个项目的设计上，位于房间中央的一道斜坡穿越进入流动性的空间，从内部延伸到外部，而楼梯间则以自由雕塑般的形式沐浴在阳光中。

虽然开放的、"流动的"自由平面空间总是和勒·柯布西耶联系在一起，但它其实是所有现代主义派重要建筑师的共同核心。荷兰风格派运动的支持者较少使用结构网格，而倾向于用彩色平面进行布局，例如格里特·里特维尔德在1924年设计的施罗德住宅（对页图）。密斯·凡德罗对空间流动性的探索，最后归结为两类空间类型：一种是无明显特征的格状空间，例如他于1919年（参见第127页图）和1923年设计的玻璃摩天大楼；另一种是独立墙壁组成的平面布局，例如他在1923年设计的砖造别墅。这两个系统在他为

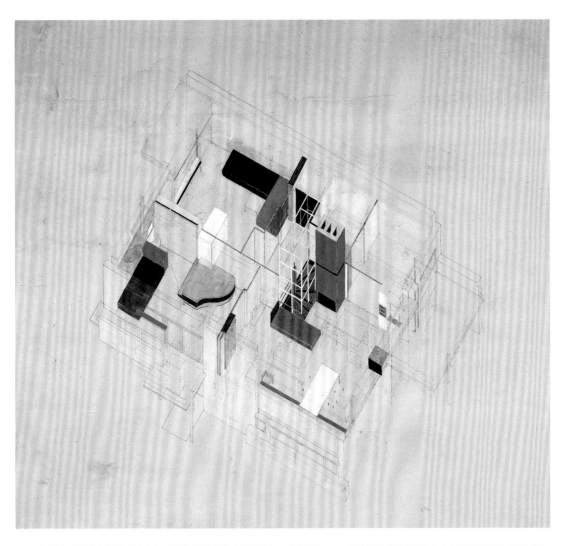

1929年设计的影响深远的巴塞罗那国际博览会德国馆（对页图，以及第125页图）设计方案中融为一体，由十字型的镀铬柱子、纹理丰富的石材，加上透明的彩色玻璃组合而成，它被很多人视为现代主义空间理念最具权威性和决定性的体现。

虽然勒·柯布西耶后来采用过很多其他布局和建造系统，但他终其一生都在致力于发掘自由平面的潜力，并在一些大型设计方案中利用自由平面创造出精彩的效果，例如他设计的印度昌迪加尔议会大楼。密斯·凡德罗则是从另外一个角度将自由平面延伸得更远，他提出任何规模的建筑商都可使用不带柱子的"通用空间"，无论是家庭住宅还是主要的公众大楼，例如面积达5000平方米的柏林新国家美术馆（1962—1968年）。在范斯沃斯住宅（1945—1951年，参见第154页图）的设计案中，漂浮的地板和屋顶板都是由六根I型钢柱支撑，并通过一个包括浴室、厨房设备

和储藏室的服务中心区将开放空间连接起来，但没有使用隔断。

自由平面空间所带来的可能性至今仍然让建筑师着迷，例如建筑师雷姆·库哈斯把萨伏伊别墅斜坡道的潜力予以扩大，将公共建筑的楼板设计成连续不断的表面。而密斯·凡德罗的"通用性空间"概念也被运用到商业建筑上，最早是以"办公室风景"的概念出现，后来则是以更为普通的形式变得无处不在，就是将"外壳和内核结构"与通道区隔开来，然后根据特定居住者的需求来"准备"。

穿越一栋房子的旅程

观念 66

建筑步道

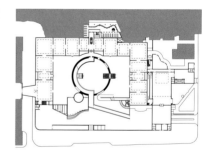

　　勒·柯布西耶在他的《勒·柯布西耶全集》第二卷中介绍萨伏伊别墅时写道："我们正在处理一个名副其实的建筑步道,希望能提供变化多端的、出人意料的,甚至偶尔令人惊叹的外观设计。"

正如他在《走向新建筑》一书中所指出的那样,这些特质也能在古典主义风格的城堡中得到体现,诸如雅典卫城,而这也正好与强调中轴对称和僵化形式的法国布杂艺术建筑形成对比,同时与17世纪安德鲁·勒·诺特偏好的具有类似中轴对称结构的法式庭院形成对比。建筑步道观念的先驱——英国18世纪的景观式或后来的风景如画派园林将这个概念具体化,该派的设计师希望能提供变化多端、出人意料的感觉和不断变化的景观来刺激观看者。

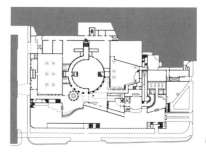

　　勒·柯布西耶对于建筑步道所带来的体验可能性极为着迷,他试图把由柱子栅栏和楼板所形成的清晰空间秩序——如同他在《新建筑五点》中所解释的那样——与人们在空间中的自由移动

对页及下图：勒·柯布西耶让"建筑步道"的理念流行起来，斯特林与威尔福德设计的德国斯图加特国家美术馆扩建项目（1977—1983年）中的外部公共通道体现得最为明显，其对建筑步道的诠释少有其他建筑可以超越。通道连接了两条街道，并成功越过15米的高度落差，带人们经过鼓形大厅的边缘，这个大厅也是整个新馆项目的中心。

移步换景、充满惊喜，有时甚至是令人惊讶的一些方面。

并列起来。斜坡延长了楼层之间的距离，楼梯则被处理成空间中的雕刻元素，既让人能够在建筑物中垂直移动，也成为垂直移动的具体象征。这两种特质在勒·柯布西耶为梅耶夫人设计的第二栋未建成的住宅设计方案中体现得极为显著：他在信中的草图里指出了该设计方案所提供的景观序列，当她从主起居室朝一处风景如画般的景观走去时，将会有一系列的景致伴随着她，并在最后达到高潮。

第二次世界大战结束之后，风景如画派的园林设计成为都市设计的灵感模型之一。《建筑评论》的编辑将这种方式命名为"城镇景观"，该派最有说服力的倡导者戈登·库伦特别强调城镇的体验特质，并提出所谓"序列景观"作为指导原则，也就是城镇规模版的建筑步道。在当代建筑师中，雷姆·库哈斯曾经将勒·柯布西耶的建筑步道加以延伸，使建筑的楼层地板和斜坡转变成由大型的水平和倾斜平面组成的连续不断的公共空间。为了强调空间的连续性，他经常采用展开的剖面图来呈现他的规划，将复杂的空间旅程描绘成一条直线。另一方面，葡萄牙建筑师阿尔瓦罗·西扎则特别专注于特定的感知瞬间。他于1988年出版的

《旅行草图》中，收集了那些看似随意剪裁的快照式素描，展现出他在随意漫步过程中快速记录下来的某个时刻，而这正是他试图在严谨布局的建筑中所复制出来的效果。对安藤忠雄而言，17世纪日本的"漫步花园"，尤其以桂离宫为代表，成为在设计建筑布局时的参考模型，例如他在1982年设计完成的小筱邸住宅。乍看之下，其平面设计无论如何都不像"风景如画派"，然而其内部的路径却是出奇的复杂。通过仔细计算途中会遇见的周遭景色，加上光线穿过混凝土墙面时所造成的光影交错，让这段路程充满了生机和活力，就像是沿着一条建筑步道行走时依次会碰到的一系列独立场景。

勒·柯布西耶的信念原则

观念 67

新建筑五点

勒·柯布西耶在建筑界具有全球影响力，一方面在于他具有使用文字、绘图和摄影来表现他的作品的天赋，另一方面在于他设计的那些独具匠心而美丽的建筑。他一生写了50多本书，并通过总计8册的《勒·柯布西耶全集》来阐释他的建筑和设计。

在《勒·柯布西耶全集》第一册第128—129页，读者可以看到"新建筑五点"，紧随其后的是1926年他设计的库克之家，这栋建筑是遵循"新建筑五点"的原则来设计修建的。

通过对比新建筑和被新建筑所取代的传统形式，勒·柯布西耶以图文并茂的形式来捕捉新建筑的本质，这五点原则都源自钢筋混凝土的结构框架所赋予的新的建造方式的可能性。就本质而言，这五点原则早在12年前就在他心里埋下了伏笔。1914年，勒·柯布西耶对第一次世界大战爆发最初几个月所造成的住宅损毁做出响应，提出了"多米诺住宅"规划。这项规划旨在利用工厂预制的混凝土柱子、楼板和楼梯，让每个家庭可以通过这些基本结构框架，加上从被毁坏的房子里回收的材料和部件，自己搭建临时避难场所。

虽然"多米诺住宅"经常被当作新建筑的标志，但勒·柯布西耶表示，他整整用了10年时间才真正透彻理解了结构框架的所有建筑含义。他将这些含义归纳为以下五点：

底层架空柱：使用栅格状排列的柱子，让在此前必须承载地板和屋顶重量的承重墙释放出来。

屋顶花园：房子的底层可以被架高以脱离地面，在他看来不健康或者"结核病似"的地下层将不复存在，而建筑物失去的土地可以通过屋顶花园得到补偿。

自由平面：墙面不再扮演承重的角色之后，就可以根据功能需求和空间理念随意地自由排列。

横向长窗：由于开口不再是承重墙的一部分，横向的长窗可以通过水平形式横跨建筑立面。勒·柯布西耶宣称横向长窗可以提供质地更好的光线，但这其实是一种误导，窗户所扮演的角色主要还是形式上的：横向长窗可以和传统的直立窗构成强烈的对比，便于将内部从中心化的、自由的空间布局中呈现出来。

自由立面：这是对第四点更详尽的阐述，强调可以根据功能和形式需求来自由安排开口。

上述这几点虽然和后来所谓的国际风格联系在一起，但这些原则贯穿于勒·柯布西耶的整个职业生涯。在他的城市规划案中，开放性的建筑底层成为连绵不断的行人经过区域的一部分。在1933年为阿尔及尔设计的一个方案里，他提议把悬浮的服务性楼层堆叠成"人造地面"，然后在上面兴建个人住宅。而在20世纪50年代兴建的一系列马赛公寓住宅楼（参见第160页图）中，屋顶花园则成为共享的空间，人们可以在蓝天下的屋顶花园放松和运动。

勒·柯布西耶设计的萨伏伊别墅采用了底层架空、自由立面、横向长窗，以及开放式的、大面积的屋顶花园，可谓是对他自己提出的"新建筑五点"最具权威性的表现。

新建筑与任何特定的文化脱离了关系。

在名为爱因斯坦塔（1919—1924年）的一个太阳观测点设计中，埃里希·门德尔松发展出一种抽象主义的表现形式，来象征现代物理的物力论和理念。

纯粹的、形式的语言

观念 68

抽　象

在艺术领域，抽象指的是没有具体描绘某个题材的作品，更严格来说，就是"非具象的"或者"非写实的"艺术，而这正是现代主义的标志性特色之一。在建筑领域，抽象在国际风格的建筑，以及一些新近的建筑中，体现得最为清晰，诸如彼得·艾森曼的形式主义。

俄罗斯画家瓦西里·康定斯基于1912年出版的《论艺术的精神》，可谓是呼吁抽象概念的首个正式宣言。康定斯基是表现主义领域中的活跃人物，该派的代表人物埃里希·门德尔松设计的表现主义的首栋抽象风格的建筑——爱因斯坦塔（对页图）于1924年建成。也许有人会说，稍早一些时期维也纳建筑师阿道夫·鲁斯设计的住宅作品（参见第134页图）才配得上这个褒奖，然而鲁斯的设计仅仅是在建筑外部保留了抽象中立，就像是一个保护层，保护着充满表现力的内部私密空间。

20世纪20年代初期，更加严格的抽象形式已经在全欧洲投入实践中，朝着抽象风格发展也成了建筑界的主流趋势，不久之后被命名为"国际风格"，其标志性特征就是清晰的几何造型、白色或素色的表面，以及大量使用大片玻璃板。玻璃这种材料让抽象的终极形式，也就是透明成为可能，至少在理论上如此，尽管在实际操作中未必总是能够实现。抽象概念的支持者将这种新语言视为机器时代的一种表现手法，而且具有普遍通用性。他们相信这个目标是可以达成的，因为新建筑已经从特定的文化关联中释放，而采用了一种直接诉诸人类大脑的"纯语言形式"。这种想法在如今看来是有些过于天真，但我们必须从历史的角度去看待和理解这种观念，第一次世界大战爆发之后，人们尝试以一种救赎的眼光来看待这个世界。

抽象不仅仅是一种激进的新表现形式，同时也是保持艺术与建筑的永恒特质"不被亵渎"的一种方式，英国评论家赫伯特·里德在1935年发表的文章中也曾如此表示。正因为这样，弗兰克·劳埃德·赖特才会把他所支持的新理念称为一种"保守的动因"，而勒·柯布西耶在呼吁建筑革命的同时，也赞美永恒的"罗马经验"。他在1923年出版的第一本讨论建筑的专著《走向

顶图：彼得·艾森曼在20世纪70年代设计的"纸板屋"，他基于早期的现代建筑语言，试图找到一种完全抽象的表现形式，即他只需要在完成空间布局之后为每个空间指定功能和用途。

上图：弗兰克·劳埃德·赖特设计的芝加哥橡树园联合教堂（1906年），利用方形网格来控制空间布局和建造细节，达到了当时欧洲建筑界所无法企及的抽象高度。

新建筑》中，完全没有提及这些观点，即使是在四年之后出版的该书的英文版本中，他也没有暗示任何所谓的"新"。

抽象概念也促使许多人试图把建筑理解成一种自发性的语言，例如彼得·艾森曼采用的形式转换就是效仿了语言学家诺姆·乔姆斯基所阐述的文法，而约翰·海杜克作为纽约库珀联合学院的领导，将他对建筑基本元素的研究，通过他的授课影响了好几代学生。尽管抽象概念饱受后现代主义流派的批评，但职业建筑师和顾客依然对其钟爱有加。事实上，抽象概念已经甩掉了早期的意识形态包袱，成为20世纪末最具有主导性的风格模式，只是经常伪装成不同形式的极简主义。

玻璃屋

观念 69

透　明

大块玻璃板的出现使得物理透明性成为可能，透明也成为现代建筑的标志性特色之一。在适当的光线条件下，透明造成了建筑物内部和外部之间在空间上的视觉连续性，同时显现出建筑物内部结构的"真相"。

有人通过分层的平面，将物理的透明当作一种展现空间深度的手段，这种做法类似柯林·罗与罗伯特·斯拉茨基将其称为"现象的"透明。

在现代主义的修辞语言中，透明还有着其他多种意识形态上的含义。将封闭的空间开启，让光线和空气进来，迄今为止仍然被认为是一种有益健康的做法。因此，早期的现代主义建筑在设计健康中心时，都会采用开放式的设计，尤其是肺结核疗养院——阿尔瓦·阿尔托设计的帕米奥疗养院（参见第120—121页图）尤为典型。

透明也被认为是促进社会民主的途径。在现代社会中，物理透明越来越成为政府开放性的标志，这一点在设计中表现得尤为突出。例如柏林国会大厦原先的石质圆顶在第二次世界大战中被摧毁，诺曼·福斯特在其负责的重建案中，采用玻璃进行重建，并开放成公众可以进入的空间，让公众可以通过透明的玻璃，观看国会议会的举行，并以这种独特的视觉方式参与民主的进行过程。

更广义来说，透明被法国评论家亨利·列斐伏尔诠释成一种虚幻的工具，其根源可以追溯到古希腊时代的思想，这种思想认为世界是基于数学逻辑和理性之上。

古斯塔夫·埃菲尔设计的建筑在架构上的透明性以及建造上的"真实性"，被法国政府当作一种象征，用来证明他们有能力创造出一个合乎理性的科技世界。因为这种"透明"可以方便人们计算铁的结构，这就比传统砖石构造的量化要简单很多，埃菲尔本人对于这一点感到非常高兴。没有任何地方比巴黎更喜欢用宏伟的手法来表现这种象征性的开放，例如多米尼克·佩罗设计

的法国国家图书馆，四座透明的L型玻璃大楼围合出一片公共空间，呈现在大众的面前。但是，后来因为这四座高塔热度过高，只好把书库移到地下室，对于某些人而言，这正好是证明透明往往只是一种幻觉的最好标志。

让·努维尔设计的卡地亚当代
艺术基金会于1994年落成，它囊括
了丰富的空间，并分层使用透明玻
璃板以达到朦胧的效果。

三维比例图

观念 70
轴测投影

在舒瓦西的《建筑史》（1899年）一书中，有许多插图都是采用"虫眼"视角轴测绘图法，由此表现出建筑的平面形式和立体空间如何彼此相互关联。

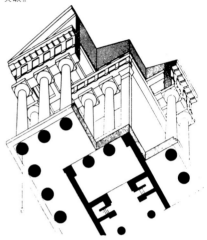

轴测投影是在二维平面上再现三维物体的方法之一，和我们较为熟悉的透视投影有所不同，它并不是呈现物体出现在眼睛里可能的样子。轴测投影的线条并未聚合在某个或者数个消失点上，而是保持平行，让所有的维度都能符合所选定的比例大小。

虽然轴测投影在19世纪之前并未在建筑领域获得重视，但是它的发展历程倒是和透视图差不多。最早大规模使用轴测投影是用来计算炮弹发射的轨道，属于工程师而非建筑师必须学习的课程，正因为如此，它经常和工业化与机械化画上等号。在建筑领域，它为建筑再现提供了圆形几何学，扩大了建筑的科学基础。这也就是它在法国国立综合理工学院比在美术学院更受欢迎的原因，对此我们并不意外。

轴测投影最早开始发挥广泛的影响力，同样是以法国为中心。首先，是伟大的建造理性主义理论家维欧勒·勒·杜克（1814—1897年）所做的图解分析。他的绘画强调把建筑视为一种三维系统，即从讨论地理学和天文学的科学教科书中，吸取我们现在很熟悉的"爆炸"轴测技术。维欧勒·勒·杜克很可能深受伟大的古生物学家乔治·居维叶的影响，和他一样强调每个"器官"在建筑这个更大的"身体"系统中所扮演的角色。

接着，我们在奥古斯特·舒瓦西（1841—1909年）1899年出版的《建筑史》一书中，看到了全新的插图。舒瓦西将平面、剖面和立面的正射投影整合在同一张绘画中，除了营造出透视图的效果之外，还沿着三个轴线全部保留了正确的比例。这种绘图法非常适合把建筑物描绘成"空间有机体"。20世纪20年代最先由勒·柯布西耶加以复制，后来路易斯·康也模仿这种画法来呈现自己的作品。

轴测投影之所以吸引早期的现代主义者，有两个截然不同的原因。对那些一心想为机器时代塑造形式的建筑师而言，轴测投影会让人联想到科学与技术的客观性；而对于另外一批具有形而上学倾向的建筑师，例如荷兰风格派领军人物提奥·凡·杜斯堡来说，想要呈现彩色平面漂浮在无限空间中那种藐视中立的另类"客观性"，最有效的方法是不要在建筑图上暗示有某个观看者存在（对页图）。

近来的建筑师中，将轴测图运用得最精彩、最生动的，莫过于詹姆斯·斯特林爵士。他和詹姆斯·高恩共同设计的莱斯特大学工程系大楼（1959—1963年）的"鸟瞰图"透露出，这整栋建筑所采用的45°角的屋顶采光和削角，都是和他们选中的投影模式相对应。接着，詹姆斯·斯特林爵士又推出一系列备受推崇的项目，特别是德国斯图加特国家美术馆扩建项目（1977—1983年，参见第138—139图），模仿舒瓦西的"虫眼"角度由平面向上投射，创造出幽默搞笑的绘图，一方面描绘出三维版的建筑步道，另一方面让人联想起布局过程中的种种插曲。

荷兰风格派领军人物提奥·凡·杜斯堡运用抽象的彩色平面和轴测投影，创造出摆脱重力的飘浮感——一种理想的精神世界。

拼贴既可以从形式上，也可以从语义上让一个作品丰富起来。

阿尔瓦·阿尔托设计的玛利亚别墅就是建筑拼贴作品最好的代表

材料和形式的拼接

观念 71
拼　贴

迈克尔·格雷夫斯早期的"立体派厨房",创造出拼贴式的布局,把现代平面语汇引入"主体"建筑作为参考,例如他在普林斯顿设计的克莱格霍恩房屋扩建案。

将一块块材料组合成艺术品的做法历史悠久,拼贴来自法语单词"coller",意思是粘贴,指的是由毕加索和乔治·布拉克所发明的构图技术,他们用这种方法使早期的立体派作品内容更加丰富。

立体派艺术家运用"实体的"材料作拼贴,例如酒标、车票、戏票、货币、碎纸片等,目的是为了丰富作品的形式和语义。选择材料的标准,是为了让观看者激发特定的联想或情绪;至于报纸的剪取则是和内容有关,例如毕加索反复利用暴行报道或其他故事的报道,来呈现"一战"刚结束时不安定的政治氛围。

虽然拼贴是现代主义最常见的构图手法之一,但在建筑领域的运用却很有限。20世纪20年代勒·柯布西耶设计的住宅平面图,可以视为某种类似拼贴的产物。在他受到超现实主义启发而设计的贝斯特吉公寓屋顶,有活动式围篱、户外壁炉,以及借景远处的凯旋门,将它当作整体"装饰"的一部分,充分发挥高超的拼贴能力,紧密地组合选择的材料。

不过表现最为精彩的建筑拼贴,倒不是出现在这些早期的创意中,而是芬兰建筑师阿尔瓦·阿尔托设计的玛利亚别墅(1937—1940年,对页图)。该栋别墅是为工业家哈利·古里申夫妇兴建,位于芬兰西海岸的诺马库,建筑师希望借此宣告芬兰在现代建筑界里的地位。它的外观呈现为国际风貌,却仍然植根于芬兰的文化和风景。阿尔托一反常规,发掘传统农家宅院内部的风格,将由藤条和桦树皮缠裹的柱子用到这里,呼应了周遭森林里树皮脱落后的松树干的金色光芒。穿过花园方庭,木造的桑拿房平屋顶上覆盖了草皮,唤起人们对传统木屋的回忆。一道模仿中世纪院落的低矮石墙,将桑拿房与主屋连接起来。

玛利亚别墅在阿尔瓦·阿尔托的作品中属于非主流的风格,直到后现代主义流派出现,这种鲜明的拼贴式布局才开始流行。美国建筑师迈克尔·格雷夫斯早期的"立体派厨房",将潜伏在勒·柯布西耶语法里的拼贴式特点扩大凸显出来;而柯林·罗和弗瑞德·科特二人合著的《拼贴城市》(1987年)一书中,提出一种接受多重秩序系统的城市观,把城市当成刮去原文重复书写的羊皮纸,让时间在上面层层累积。

同一时间,罗伯特·文丘里和查尔斯·摩尔等建筑设计师也率先以嬉戏的手法将古典主义风格和其他"借来的"元素组合起来,创造出评论家查尔斯·詹克斯所提倡的多重意义的后现代风格。在20世纪80年代的一栋重要建筑,也就是斯特林和威尔福德设计的德国斯图加特国家美术馆扩建项目(参见第138—139页图)中,建筑师采用呼应古典主义风格主建筑的布局,同时参考了其他建筑师的特点,如入口顶棚的"高科技"珠宝饰物等。同类风格的建筑还有勒·柯布西耶的魏森霍夫住宅等。

利用多个平面创造建筑空间

观念 72

层 次

"层次"一词通常用来泛指源于立体派的一种布局策略。立体派拒绝用透视法来呈现三维空间，而采用不透明、半透明和全透明的平面来建构画面。

自文艺复兴时期以来，用透视法创造出幻觉空间的传统，已经在西方艺术中扎下深厚根基，为了取而代之，立体派的油画改用多重层次以创造出平浅的绘画空间。

柯林·罗和罗伯特·斯拉茨基分别在1963年和1971年发表了两篇充满挑衅意味的论文，试图把建筑和立体派直接关联起来。二人指出，勒·柯布西耶早期的别墅，特别是位于加尔什的斯坦因别墅，就是由一系列平浅的层次构成的正面性和绘画性建筑。在某些案例中，这类层次几乎没有厚度，例如斯坦因别墅的窗框就只是穿过玻璃后方的一个空间层。

虽然柯林·罗后来逐渐和这两篇文章里提到的论点保持了距离，但它们已经造成了深远的影响，鼓励建筑师将建筑物思考成带有不同层次的布局，尤其是电脑辅助设计软件出现之后，这种做法更受欢迎，因为电脑需要把建筑物再现成层次数据。就概念而言，这种布局层次可以是形式上的、材料上的或者时间上的。

时间层次由意大利首开风气，最初是作为保存的手法，后来通过卡洛·斯卡帕的作品变得广为人知。例如在维罗纳老城堡的改造方案（1959—1973年，本页顶图）中，斯卡帕采用一连串破坏、介入和增加的手法，试图把这栋建筑物的复杂历史阐述清楚。所有新工程都采取正交几何，通过材料的选择和细节处理，从而与旧建筑严格区分开来。新楼层变成独立的层次，好像"漂浮"在旧纹理的内部与上方，并在既有的开口内侧加上一层镶有金属框的新玻璃：从外面看的话，如同若隐若现的连续立面。和柯林·罗以及罗伯特·斯拉茨基在勒·柯布西耶作品里看到的形式层次很相似。斯卡帕的做法也受益于他对现代主义空间做的类似解读，特别是他在彼埃·蒙德里安和荷兰风格派作品中看到的最为平面性的连续空间。

作为一种形式策略，可以在解构主义派的作品中看到最具挑战的层次表现。例如伯纳德·屈米设计的拉维莱特公园和彼得·艾森

顶图：卡洛·斯卡帕改造的意大利维罗纳老城堡，通过一系列的层次设计，将博物馆的不同时期清晰地区分开来。图中展示的是哥特式拱廊的后面，采用直线铜质框架的滑动玻璃设计，将过去与现代区分开来。

上图：由彼得·塞尔辛设计的瑞典银行外墙采用了粗糙的花岗岩，于1976年建成完工。这让人回想起文艺复兴时期宅邸的乡土气息，但是其可以移动的双层立面是现代主义设计的精髓。

曼的许多设计。1983年，彼得·艾森曼在柏林查理检查哨的提案中，主张利用历史地图"挖掘"现场，找出隐藏的层次，作为新建筑的设计指标点。他为位于哥伦布市的俄亥俄州立大学的维克斯纳视觉艺术中心（1983—1989年）于1989年落成，采用类似的设计，将多层次空间秩序相互叠加。其中有些层次纯粹是形式上的，例如现代主义的网格、钢骨"鹰架"就是具体代表；有些层次属于该场地特有的情况，例如运用校园网格与根据杰弗逊规划的城市网格之间的偏移量；有些层次是叙述性的，最著名的是一座被摧毁的砖造"堡垒"的碎片。

艾莉森和彼得·史密森为牛津大学设计的只接收女生的圣希尔达学院花园大楼（1968—1970年），在全玻璃的立面前后，利用攀墙植物、木头藤架和窗户等层次，确保内部的隐秘性。

从概念的角度来看，一个布局的层次可能是形式的、物质的或者临时的。

20世纪30年代创立的"国际风格"一词，似乎更适合用来形容由密斯·凡德罗所设计发明的钢骨玻璃建筑在全球的广泛应用。图中就是他著名的钢覆层代表作——纽约的西格拉姆大厦（1954—1958年）。

受到1930年斯德哥尔摩国际展览会大获成功的鼓励，在瑞典，国际风格比在欧洲其他地区得到了更狂热的欢迎。位于斯德哥尔摩西郊的南安格比别墅融合了现代主义建筑风格，并按花园城市的规划，创造出一个精彩的住宅区。

机器时代的风格

观念 73
国际风格

　　1932年，亨利·罗素·希区柯克和菲利普·约翰逊在为纽约现代艺术博物馆举行的国际现代建筑展出版的专著中，为国际风格界定了三大关键特色：第一，表现容积而非量体；第二，动态平衡而非强加的对称；第三，淘汰应用装饰。

这些形式特质原本已经出现在20世纪20年代欧洲的多项发展之中，包括风格派运动巨头勒·柯布西耶的作品，他的"新建筑五点"率先试图将新的建筑愿景体系化；还有德国的密斯·凡德罗和以沃尔特·格罗佩斯为核心的包豪斯学派。这些建筑师和学派成员都彼此认识，虽然他们可以找到一种普适通用的建筑来表现机器年代的时代精神，但是建筑史学家显然并未从众多风格中确定"这个建筑"就是最新风格。希区柯克和约翰逊所强调的三大特色，都属于容易辨识的形式特质，却忽略或者低估了社会激进理想的重要性，而这点却是和大多数欧洲现代作品密不可分的。例如"忠于材料"的美学表现基础，还有自由平面的空间创新等，这些才是现代建筑对于建筑思想最大的贡献。

　　魏森霍夫住宅是1927年斯图加特住宅博览会上的展出作品之一，锁定欧洲15位首届一指的现代主义建筑师的作品，普遍被视为浮现中的国际风格的一次重要展示。当时，这组建筑作品在东欧广受欢迎，事实证明，它同样适合用来表现北欧那种相当不同的社会民主理想。在北欧，它虽被称为功能主义或"funkis"，却经常和英国的花园城市理想融合，成为社会和中产阶级住宅的基础。1933—1940年在斯德哥尔摩兴建的南安格比别墅（上图），就是其中的杰出范例。

　　现代建筑的倡导者因受纳粹迫害而从德国出走，是造成国际风格向德国外扩散的主要原因之一。以色列因此成为全世界这类建筑最大的集中地，而随着格罗佩斯入主哈佛大学和密斯·凡德罗主掌芝加哥伊利诺伊理工学院，美国也跟着成为发展和推广这类建筑的重要基地，使它在第二次世界大战之后变成真正的全球风格。这种形式语言的优势源自密斯·凡德罗的钢骨玻璃风格，以范斯沃斯住宅（1945—1951年，参见第154页图）、芝加哥湖滨大道860—880号公寓，以及纽约的西格拉姆大厦（对页图）为代表，而促使它广泛被采用的关键因素，是诸如SOM这类大型建筑事务所的出现，它们的规模和组织都是为了全球性的企业服务。

提炼出设计的精髓

观念 74
少即是多

密斯·凡德罗用钢骨玻璃建造的范斯沃斯住宅，以优雅的"皮包骨"建筑为他的"少即是多"的美学观点作出总结。

建筑师的名言成为流行语的例子并不多见，密斯·凡德罗的"少即是多"就是其中之一。他用这句话来表达自己作品的两个原则：第一，将建筑的表情建立在最基础的结构元素之上；第二，去除所有造成视觉凌乱的元素。

第一点指的是一栋建筑物的"皮包骨"，这是他的习惯用语，也就是覆层和钢骨；第二点是美学简练的过程，借此抑制建筑物的次要元素，来达到去除视觉凌乱的目的，继而强化空间和景象的视觉冲击力，以及材料的表面质地和建筑物的光影效果。

其中第二点反映了日本17世纪以桂离宫为代表的数寄屋建筑的影响，并在密斯·凡德罗设计的巴塞罗那国际博览会德国馆（参见第125页图）中以最富诗意的方式展现出来。荷兰风格派的形式手法也和这点有关，不过该派的抱负显然更为远大，希望通过线条和色面的运用将宇宙的基础结构表现出来。

"少即是多"之所以享有今日的成就，完全是因为它精准地捕捉到弥漫于20世纪建筑界的美学理想。这种美学理想经常被"极简主义"一词误导，后者是20世纪60年代兴起的一项艺术运动，与它的目标和抱负比起来，前者要狭窄得多。我们可以把"极简主义"一词合理套用在五花八门的当代建筑师身上，从艾德瓦尔多·苏托·德·莫拉到彼得·祖索尔，从阿尔贝托·坎波·巴埃萨到谷口吉生，从阿尔瓦罗·西扎到安藤忠雄，以及其他的公开拥护者，例如英国建筑师约翰·帕森于1996年出版的《简约主义》一书，就受到读者的极大欢迎。

在建筑领域，特别是在居家规模的建筑中，我们可以把极简主义视为一种设计理念，反对所有凌乱的现象，包括安装在墙壁上的暖气片和电源插座，以及过多的消费物品。从历史角度来看，它也可以说是对于手工艺消失的一种回应。为了取代装饰，现代建筑师奥托·瓦格纳与阿道夫·鲁斯一样，越来越依赖精细表面的"奢华"效果。那种明确的奢华感，在密斯·凡德罗设计的德国馆中，来自昂贵的天然材料；在墨西哥建筑师路易斯·巴拉干的作品中，是来自强烈的色彩与光线；而在安藤忠雄的建筑中，则是由阳光洒落到极度精细的混凝土墙面营造而成。

虽然极简主义会压抑公然展示工艺手法的一切表现，但是对于设计者和建造者的要求相当高。传统上，建造工作是一系列逐次接近完美的过程，接着精细打磨，然后搬出一整套布局，像是护墙板和边框线角等，来美化表面与构件之间的接缝。但"少即是多"的设计会去掉这些做法，凸显平面的"纯粹性"，使我们更加关注材料的表面之美。也正因为如此，制作过程中任何微小的失误也都逃不过观众的眼睛。

"少即是多"的设计理念，提升了我们对建筑表面和使用材质的美学要求。

阿尔贝托·坎波·巴埃萨在西班牙加的斯设计建造的加斯帕住宅，以内外全白的绝对朴素表面，成为20世纪末日益兴盛的极简主义的代表作之一。

地方主义运动是在第二次世界大战的刺激下开始流行的，但是没有任何建筑比弗兰克·劳埃德·赖特的沙漠之家和西塔里耶森工作室（上图）将这项理念展现得更具体、全面，这两栋建筑都在1937年就已大致完成。

对页上图：威廉·沃斯特为罗伯特和黛博拉·格林夫妇设计的住宅（1938年），位于美国加州，有作为户外起居室的宽敞门廊和红木覆层。这后来被视为刘易斯·芒福德1947年在一篇文章中推崇的湾区样式先驱的范例。

对页下图：阿尔瓦·阿尔托设计的玛利亚别墅位于芬兰诺马库，一般认为该别墅内部是以抽象方式呈现球果森林的景象，这片森林至今依然覆盖着芬兰的大多数土地。

对地方的回应

观念 75
地方主义

　　第一代现代主义建筑师一心想为机器时代开创出普适通用的建筑，因而可以忽略掉建筑所处位置的地理情况、材料，以及气候、文化等当地因素，这些都是以往影响建筑设计的重要因素。不过国际风格在离开它的中心发源地之后，很快就融入民族或者地方传统之中。

例如，阿尔瓦·阿尔托设计的玛利亚别墅（1937—1940年）便拒绝变成"无根的现代建筑"，于是以覆面、拼贴的手法，同时指涉地方风土与现代建筑，而内部那些以藤条和桦树皮缠绕的柱子，则会让人联想到芬兰的森林。

　　第二次世界大战结束之后，一直明确主张地方主义并在美国加州湾区奠定基础的派别，因为威廉·沃斯特（其作品参见顶图）和彼得罗·贝鲁奇等建筑师设计的木材覆面住宅，逐渐引起国际关注。而由约翰·恩坦扎发起的个案研究住宅计划，虽然因为大量建筑使用钢骨和玻璃而显得较为现代，但也采用类似的地方手法来象征加州的生活风格，其中最著名的代表人物首推伊默斯夫妇1949年设计的私人住宅。

　　刘易斯·芒福德1947年在《纽约客》杂志上撰文支持加州湾区的建筑作品，他认为地方主义和现代主义未必需要彼此对立，事实上，当现代建筑容许低差异存在后，才能变成真正的国际建筑，跳离"它的青少年时期，同时摆脱堂吉诃德式的纯粹、笨拙的自我意识和不容打折的独断主义"。他的论点遭到纽约现代主义大本营的强烈反对，不过受到战争期间在瑞典以及战争刚结束时在丹麦所举行的"美国建筑展"影响，北欧的年轻建筑师倒是深受鼓舞，纷纷横越大西洋前来参观新地方主义以及弗兰克·劳埃德·赖特的作品，后者对建筑场地的敏感与回应已经成为建筑史上的一个传奇。他们的体验促成了北欧的"软化派"现代主义，此派将该地区的社会民主理想、木材资源和风土传统清楚地反映到建筑上，并很快影响到全世界的建筑和生活风格，最后甚至透过宜家家居，变成有史以来传播最广的一种风格。

　　荷兰建筑评论家亚历山大·佐尼斯和利恩·勒费夫尔为了解决全球化世界里执业的道德困境，于1981年发表《网格和路径》一文，创造出"批判性地方主义"一词。他们指出，设计者在欢迎互动与交流带来的好处的同时，也应从批判性的角度思考地方主义文化、环境和资源的独特性，以及造成哪些冲击与价值。他们希望以这种方式避免"民俗"传统的商业化，以及被政治人物当成排除异己的手段。

　　美国建筑评论家肯尼斯·弗兰姆普敦很快就接受了这个词汇，并透过最初名为《面向批判性地方主义：一种抵抗建筑的六大要点》的文章的几个版本广为传播。肯尼斯·弗兰姆普敦援引现象学的理论，强调地形地貌、气候、光线，以及触觉而非视觉的重要性。他认为批判性地方主义的范例是构件技术而非布景术，支持阿尔瓦·阿尔托、约恩·乌松和稍后的安藤忠雄等人的作品。他将安藤忠雄的住宅形容成"抵抗运动的堡垒"，即足以抵抗正在吞没日本传统文化的西方消费主义，而这正是"批判性"理想的具体体现。

可变形的建筑

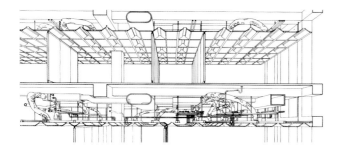

观念 76
弹 性

20世纪50年代，建筑界兴起一股要求建筑物要有更高的灵活性的风潮，这是为了反对过度泛滥的形式追随功能，后者主张建筑物里的每个部分都必须根据特定的用途而设计，而且注定只能那样用。然而在实务层面上，虽然你可以决定每个部分的用途，却无法随着时间推移纳入新的发展部分，更别提当该栋建筑的用途变更之后该如何应对，但这是很多建筑都会遇到的情况。

弹性设计可以解决沃尔特·格罗佩斯指出的这个矛盾难题，那就是虽然人们期待建筑师把建筑物的用途和居住情况当成终极关怀，但建筑师的工作却通常是在房屋主人入住的那一刻就宣告停止，再无牵连。

早期现代主义曾经提供过两个备受褒扬的内建式弹性范例：一是格里特·里特维尔德于1924年在乌特勒支兴建的施罗德住宅（参见第137页图），一楼部分每天晚上都可用拉门把开放式的起居室变成私密卧室，让人回想起日本传统房舍的弹性多变；二是法国建筑师皮埃尔·夏洛的巴黎玻璃之家，以一连串可以转动推拉的隔断和储物构件，一段可以上下的楼梯及其他装置，让它同时扮演住家和医生的诊疗室。

20世纪50年代，以斯拉·埃伦克朗兹和康拉德·瓦克斯曼在美国采取更激进的做法，发展出一套建造系统，把所有的服务性空间都放在天花板上，内部则用可拆卸的隔板分割（右上图）。

左上图：埃兹拉·埃伦克朗兹的建造系统采用轻质的框架结构，并用天花板将服务性空间包裹起来，这是早期极具影响力的弹性设计模型之一。

上图：伦佐·皮亚诺和理查德·罗杰斯设计的巴黎蓬皮杜艺术中心，拥有宽达75米的净跨度，是一项结构力作，可提供极具弹性和高度服务性的开放空间。而用来悬吊画作和组构空间的墙面是后来添加的，目的是为了创造较为传统的画廊配置。

在欧洲，这类想法由塞德里克·普莱斯、尤纳·弗莱德曼和康斯坦特·纽文惠斯发展成乌托邦的弹性城市，由可以变形甚至可以移动的建筑组合而成。

比这些技术调整更加实用的，是发展开放式平面。17世纪之前的大多数建筑都是根据类似的弹性原则进行布局，因为当时尚未发明走廊，还无法把空间划分成不同的功能区域。例如帕拉第奥的别墅里，不同房间的用途完全没有差别；在某些别墅中，甚至会把洗手间当成主干道，用以连接不同的房间。开放式平面的冲击，可在20世纪40年代从美国开始的办公室转型中普遍感受到，并在20世纪50年代和60年代，由埃伯哈德和沃尔夫冈·施内勒在德国通过办公室布置的发展予以扩大。所谓的办公室景观布置是指去除隔板，利用光线明亮、服务设施完善的大片空间，捕捉到宛如景观般的开阔氛围，通常还会借由策略性地摆设大型盆栽来强化景观效果。

对于这类弹性趋势最著名的评论来自荷兰的阿尔多·范·艾克和赫尔曼·赫兹伯格，他们特别强调使用者如何诠释某特定形式或空间的重要性，主张采用原型形式，因为它们容许各式各样的诠释和用法。赫兹伯格还提议建筑物应该保持在不完整或者未完成的状态，邀请居住者自行挪用。例如，在他设计的比希尔中心办公大楼（1967—1972年）里，就是由员工自己带来的装饰品、植物和居家生活纪念品，为刻意设计成灰扑扑、光秃秃的水泥方块结构完成最后的装饰工作。

未经修饰的混凝土之美

马赛公寓预算非常紧张，勒·柯布西耶决定直接呈现出粗木模板剥除后的混凝土面貌，并将其命名为"粗混凝土"。

观念 77

粗混凝土

勒·柯布西耶认为混凝土是一种人造工业产品，最初试图利用它来表现材质的平滑与精准。后来他逐渐欣赏"未经加工"的模板痕迹在表面上所留下的粗糙纹理，至此"粗混凝土"和"粗野主义"两个词应运而生。

在有关机器时代建筑的修辞与实况之间，总有鸿沟存在，其中最深的一条就是以钢筋混凝土打造的建筑物。勒·柯布西耶在法国佩萨克的弗吕日城（1923—1924年）劳工住宅计划中进行实验，把混凝土浇入可以重复使用的构架中，没想到结果极为粗糙，颜色也毫无光泽，导致墙面必须刷漆。而20世纪20年代那些光滑洁白的"混凝土"别墅，往往是钢筋混凝土框架加上传统砌块和石灰的合成品。

如果勒·柯布西耶的说法可信的话，他一直到"二战"结束以后，才在马赛公寓（右上图）的兴建过程中，首次正视暴露无装饰但相对平滑的混凝土表面。建筑工人原以为，混凝土墙反正要涂上石灰，所以并未在浇注过程中特别留意。勒·柯布西耶看着他所谓的"混凝土惨案"，决定要接受这种带有模板痕迹的粗糙表面，他宣称："就让一切保持粗野的状态。""粗混凝土"一词就此诞生，而且不知不觉变成一种运动的名称。据英国媒体报道，这位大师的新材料受到年轻建筑师史密森夫妇的青睐，用它来描述一种正在浮现的态度。1966年，雷纳·班纳姆出版了《新粗野主义：伦理还是美学？》，"粗野主义"一词开始流行。但这两股趋势组成的联盟实在不太稳定，一边是国际上对于粗糙材料的兴趣，另一边是史密森夫妇所拥护的乌托邦社会主义价值观。

马赛公寓的粗野特质同样显现在贾乌住宅之上，勒·柯布西耶在这件作品中运用未加修饰的混凝土和粗糙砖块，加上精细处理的硬木。砖块是"一堆一堆"从拆迁工地运来的，除了美学

用途之外还兼具道德含义，勒·柯布西耶宣称"我们可不是资产阶级，我们懂得欣赏粗砖块的美"。巧的是，当时正好有一个教会给了他机会，用粗混凝土进行他最伟大的尝试——设计拉图雷特修道院。以这件作品的表面视觉特质和后来的哈佛卡朋特视觉艺术中心做比较，应该很有启发性。根据"正规"标准，后者盖得比前者好多了，但是视觉上，它那整齐利索的混凝土百叶板就缺乏前者的视觉活力。拉图雷特修道院的表面不像是模板印痕，更像是混凝土泼洒滴溅的痕迹，试图将未经装饰的原始力量与一种微妙敏锐的内在美感结合起来。

自从勒·柯布西耶学会把混凝土视为"和石头、木头或土砖属于同一等级"的自然建材之后，他就越来越喜欢将不同的纹理、色彩和材料并置在他的建筑里，预示了近来建筑界对于材料的日益关注。他的选择不只是基于美学考虑，更象征他对风土文化的兴趣，以及对科技进步失去信心，所以投射出一种既古老又现代的愿景。

勒·柯布西耶式的粗混凝土在英国孕育出后来所谓的"粗野主义"，代表作品包括由张伯伦·鲍威尔和本恩建筑事务所设计的位于伦敦中部的巴比肯艺术中心，这类备受争议的建筑让"粗野主义"在广大公众心中留下负面印象。

挖掘形式的底层逻辑

观念 78

形态学

空间句法技术在都市设计中运用得最为广泛，但也用来分析和预测参观者在建筑物内移动的情况。有时会得出有趣的结果，例如卡里·佐希对伦敦的英国泰特美术馆（下图）和泰特现代美术馆（左下图）的研究。

建筑形态学是用来描述建筑形式的底层逻辑，也称为"结构研究"，它强调基础几何对于空间最直接的决定和限制。

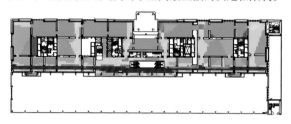

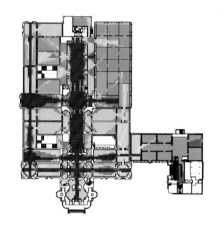

形态学是由德国博学的歌德和生理学家卡尔·弗雷德里希·布达赫（1776—1847年）分别独立构思出来的，最初是指研究生命有机体的形态、构成和转化的学问。对那些倾向从生物学的角度把建筑物当成有机体的学派而言，形态学和建筑之间的关系尤为密切。

当代研究建筑形态学的学者大多出自剑桥大学土地使用和建筑形态研究中心，莱斯利·马丁和他的同事在这所具有前瞻性的研究中心里，首先提出下面这个看似简单的问题："什么样的建筑形式能让土地得到最好的运用？"他们归纳出一个颇具影响力的结论：假设采用共同的采光标准，周界式或院落式的低层建筑样态，与当时仍然广受欢迎的在空旷基地上兴建高层大楼的模式比起来，可以达到类似甚至更高的密集度。

伦敦默顿区建筑部门很快就用位于波拉兹山（1971年）和东菲尔德（1974年）的大型住宅发展规划，证实了这项理论的正确性。前者包括一系列三层楼高的P型区块，加上间隔交替的街区和文化设施空间，居住密度高达每英亩116人，超过饱受伦敦郡议会争议的由11层建筑组成的罗汉普顿庄园。

近来，也有人用类似的做法来研究不同都市形态的能源效率，但它对于全世界数量越来越多的学术研究团体的影响相对有限，且主要是通过《环境与规划B》这份期刊进行推广。但其中还是有一个重要的例外，即所谓的"空间句法"领域，在比尔·希利尔和朱莉安·汉森合著的《空间的社会逻辑》（1984年）中提出。如今这个领域已经广为人知，而它用来评估空间配置如何塑造人类行为模式的分析技术，也被国际间应用在都市设计、零售环境和其他大型提案的发展规划上。

芬兰建筑师莱玛·比尔蒂拉（1923—1993年）则是提出整体而言比较个人性的形态学用途。他在1958年的一篇题为《表现型空间的形态学》的文章中，为下列事实感到哀叹：我们依然可以通过欧氏几何来理解建筑，然而大自然这个可塑性的完美典范，其形式却是更加复杂和捉摸不透的。他在1960年于赫尔辛基举行的"形态学与都市主义"展览中，针对不同类型的城市规划进行抽象的形式分析，就如同乐高游戏般优雅精致的"火柴棍研究"，为20世纪60年代的反概念艺术做了预告。大自然的隐喻在他成熟时期的作品中所占的比例越来越大，例如明显属于"地质学"的几项计划，如位于芬兰埃斯波的阿尔托大学奥塔涅米校区的Dipoli教学楼（1961—1966年）和"云母冰碛"。他为芬兰共和国总统官邸（1983—1993年）设计的得奖方案即以"云母冰碛"为题，官邸所在地也是芬兰地景中最著名的末次冰期遗址。

芬兰建筑师莱玛·比尔蒂拉在20世纪50年代针对自然现象，进行了一系列充满想象力的形态学研究，这些极其优雅的研究绘图和模型，对他后期设计的建筑作品产生了决定性的影响。

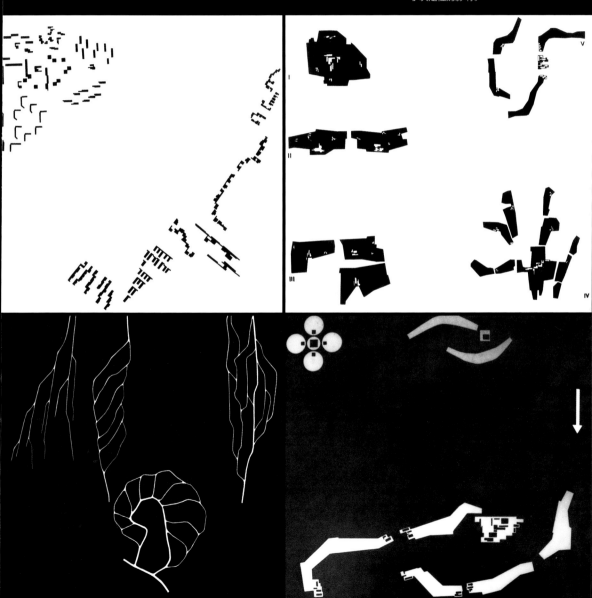

逐个增加的房间

观念 79
加法式布局

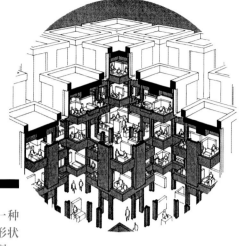

大多数的建筑平面都是以下面两种方式创建的：一种是把一间间或者一组组房屋累加起来；一种是把完整的形状切分开来。纯粹的加法式布局经常可以在乡土建筑中看到，例如意大利的"特鲁利"，就是逐间房间以累加的方式建成的，每个房间都有自己专属的圆锥形屋顶。但是对正式建筑而言，加法式布局倒是一种新的形式。

建筑师喜欢用加法式布局来营造风景如画的效果，例如在诺曼·肖或美国"木瓦式"住宅那种比较散漫的平面里；或者是处理综合性建筑必须容纳的各项功能，例如阿尔瓦·阿尔托设计的帕米奥疗养院（参见第120—121页图）就是把不相连接的功能性构件装配在一起；或者是用来表现结构元素的特色，例如路易斯·康为理查兹医学研究大楼（1957—1961年，参见第166页图）设计的服务性和使用性空间。

不过，到了20世纪中叶，在所有的荷兰结构主义的作品或约恩·乌松的一系列设计方案中，"加法原则"体现出了特殊的含义。约恩·乌松的灵感来自荷兰建筑师维姆·凡·博德赫拉芬，后者在1952年呼吁设计可以随着时间发展同时保留原有意义和一贯性的结构，还有阿尔多·范·艾克备受赞誉的阿姆斯特丹孤儿院（1957—1960年）。这座孤儿院利用简单明了的"部件套组"将个体"住宅"组配起来，让人联想到阿尔多·范·艾克曾经研究过的非洲部落。

荷兰建筑师皮特·布洛姆和朱普·范·斯蒂特在1962年设计的"儿童村"，以重复的预制结构为基础，为弹性与秩序提供了一个迷人的形象；赫尔曼·赫兹伯格则设计了位于阿培尔顿的比希尔中心办公大楼（1967—1972年，上图和对页图），是这个概念强有力的表现。虽然是用单一的空间和结构单位不断重复，但套用阿尔多·范·艾克的话，建筑内部却能提供一种"迷宫式的

清晰"。

在最彻底的加法式建筑中，要强调主入口往往是件困难的事情，但这样却能抑制过于强势的管理政策，让员工可以在不受监督的情况下自由来去。

在约恩·乌松的作品中，用"加法"一词是为了说明一种细胞式的自然成长关系。他是在排列叶片和花朵的游戏中，顿悟到加法原则的力量。约恩·乌松告诉儿子，看似变幻无穷的大自然，其实是从少数几个最基本的元素繁衍出来的。他将1966年起出现在一系列方案中的伊斯兰城市的蜂窝结构记忆，与他为丹麦法鲁姆设计的中东市集风格参赛稿相结合，为沙特阿拉伯的城市吉达设计的复合式体育馆，提出一项未实现的规划。他将一组五颜六色的预制混凝土构件排列组合，创造出一个引人注目的景象，让人相信大自然的复杂和巧夺天工。这种布局方式在一度被冷落之后，如今又因为参数设计软件的出现而重获新生。

认为建筑物可以通过细胞分裂的方式来增加建筑数量的想法，在20世纪50年代和60年代相当盛行。赫尔曼·赫兹伯格设计的比希尔中心办公大楼（本页主图、下图和对页图）是这个概念最令人信服的典范，整栋建筑由十字形的空间单位重复叠加而成。

当今，我们应该使用空心石头做建筑材料。

路易斯·康坚持将建筑的"服务性空间和使用性空间"区分开来，这在他设计的位于美国费城的理查兹医学研究大楼得到了最戏剧化的体现。

分隔服务性空间和使用性空间

观念 80
服务性与使用性空间

理查德·罗杰斯设计的伦敦劳埃德大厦,采用了户外升降梯和厕所"分离舱"的设计,即使表现手法有所不同,但它呼应了路易斯·康关于服务性和使用性空间的理论。

美国建筑师路易斯·康提出将建筑内部分隔成服务性和使用性空间。他意识到在各种现代建筑中,机械服务的需求日益增长,从空调管道到电梯,都体现了它们对建筑的一致要求。也正是这一观点可以延伸为将所有建筑物的空间区分为服务性和使用性空间。

20世纪50年代,路易斯·康在罗马的一所美国人学校里,担任驻校建筑师,开始萌生将建筑空间分为"服务性和使用性空间"的想法。而且在此期间,他游历了地中海一带,这个过程中他像哥伦布发现新大陆一样认识到了砖石结构建筑的力量,尽管他曾经在宾夕法尼亚大学所接受的法国布杂体系的教育已经让他充分认识了砖石建筑。

在此之前,路易斯·康是一名正统的现代主义者,在此之后成为后现代主义的先驱,他可以接受采用"不真实的"厚墙和笨重的柱子来建造,但他后来却宣称:"当今,我们应该使用空心石头做建筑材料。"这个想法似乎是在参观苏格兰城堡时浮现在他的脑海中的。他在城堡中看到前人如何在极大的城堡防护墙上挖出空间,来形成狭小的隔间、楼梯等。

第一个真正意义上将所谓"服务性与使用性空间"概念付诸实践的作品,是位于美国新泽西州特伦顿犹太社区的户外游泳池的更衣室(1954年),这是一个极为低调却有效的案例。整个更衣室由四座金字塔形的屋顶覆盖的方形房间组成,房间由四个"空心柱"来"服务",空心柱则作为隔墙入口或洗手间。随着1961年宾夕法尼亚大学的理查兹医学研究大楼落成,"服务性与使用性空间"的概念在这栋建筑中得到了充分的表现。砖塔形式的建筑里面包含了升降电梯、逃生梯和服务性管道,围绕在方形的研究大楼四周。这栋建筑让路易斯·康赢得举世关注,并经常被拿来和意大利的山城圣吉米尼亚诺做比较,因为整座城市的标志性特色就是瘦高的塔楼群,但是路易斯·康严词否认他的设计中带有任何风景如画派的意图。

虽然大家公认这是路易斯·康的理念,但有越来越多复合式建筑的布局呼应"服务性与使用性空间"的原则,按照这个理念设计的建筑也越来越普遍,据说悉尼歌剧院(参见第39页图)的设计也是以此原则为基础的。约恩·乌松也受到古代建筑的启发,具体来说他受到古代玛雅人神殿的启示,将演奏厅、餐厅、休息室这类公共空间设计在剧院著名的壳层下方,而其他非公共性空间则全部集中在阶梯平台的下方。英国高科技的支持者,诸如诺曼·福斯特和理查德·罗杰斯也偏好这种设计,前者为东英格利亚大学设计的塞恩斯伯里视觉艺术中心(1974—1978年),就是用一个"服务区"将密斯·凡德罗所谓的"通用性空间"(参见"自由平面"部分)包裹起来;而理查德·罗杰斯设计的伦敦劳埃德大厦(1979—1986年,上图),从户外楼梯、升降电梯和厕所"分离舱"的设计便可看出,即使表现手法有所不同,但它采用的依旧是路易斯·康式的布局。

建筑及其所应用的修饰，其
经典语言有着大量的隐喻，迈克
尔·格雷夫斯设计的波特兰公众服
务大楼（1980年）已经成为后现代
主义建筑的一个象征。

充满隐喻和暗示的模棱两可的建筑

观念 81
后现代主义

"后现代主义"一词在20世纪80年代得到了普遍的使用，用来描述范围非常广泛的文化和政治趋势。后现代主义者质疑一切的中央集中的层级制度或布局原则，他们喜欢模棱两可的、多样性的和相互关联的观念和事物。

矶崎新设计的日本筑波科学城是折中主义风格的结晶，其设计既融合了西方后现代主义建筑的特色，又有来自日本本土的古典主义风格。

后现代主义深受"二战"结束后理想幻灭的影响，该派的支持者不相信任何通用的理论和意识形态，反而经常通过解构主义的批判方式，关注支撑不同行业的传统和假设。

在建筑领域，后现代主义部分是为了响应在20世纪50年代日益兴起的国际风格的形式主义，而真正宣告后现代主义概念形成的是两本书的出版：其中一本是罗伯特·文丘里的《建筑的复杂性与矛盾性》（1966年）；另外一本是历史学家兼评论家查尔斯·詹克斯的《后现代建筑语言》（1978年）。从詹克斯的书名可以看出，他主要是把建筑当成一种沟通方式，并援引文学评论界的一些概念来诠释，诸如隐喻、句法和象征主义。他反对现代主义强调空间与结构的清晰，偏好"双重意义"和模棱两可，为了取代风格化的独创性和纯粹性，他主张以折中的方式运用过去的风格元素。

詹克斯并不认为后现代主义仅仅是简单地反对现代主义，而是有选择性地运用现代主义的创新之处，例如建筑家迈克尔·格雷夫斯早期的作品和彼得·艾森曼就大量参考和吸收来自现代主义的空间理念，包括拼贴和层次这些勒·柯布西耶在20世纪20年代提出的概念。詹克斯跟文丘里一样，赞扬具有地方性特点的表现手法以及美国的公路式单排商业区和郊区住宅的日常世界，并呼吁在诸如"古典主义"这类"高雅"的传统形式中，"以聪明的手法"融入一些乡土元素。

对于在很多建筑师眼中看来有着重大缺陷的布景式项目，例如迈克尔·格雷夫斯设计的波特兰公众服务大楼（1980年，对页图）和查尔斯·摩尔设计的新奥尔良意大利广场（1976—1979

年），詹克斯明确表达了自己的认同和支持，但是对于那些将构造表达当作建筑形式的项目，詹克斯却很难认同，不过事实证明他的理念还是具有深远的影响力的。他的书多次再版，并且他在《建筑设计》杂志上连续发表了若干个专题，提出他所推测的可能的"新"风格，包括"自由风格古典主义""抽象的再现""后现代古典主义""晚期现代建筑"。

距离后现代主义建筑的鼎盛时期25年之后，事实清晰地表明，这种公然支持折中主义的理论并未孕育几栋具有持久价值的建筑，除了詹姆斯·斯特林爵士后期的作品，诸如斯图加特国家美术馆扩建项目（参见第138—139页图），它是少数几个例外的著名建筑之一。不过，后现代主义思想还是持续激发各种支撑最新建筑实践的假设，而它留给后人最持久的遗产，很可能是它对"特殊性"那种无孔不入的关注，希望建筑设计能回应场地、材料和项目的特殊需求。

"非直截了当的建筑"

观念 82

复杂与矛盾

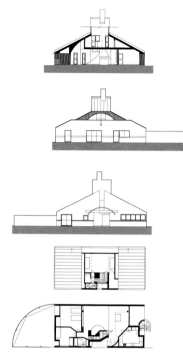

①

这个概念或这些概念取自1966年出版的一本书的书名，历史学家兼评论家文森特·史考利在为该书撰写的序言中写道："这本书大概是自勒·柯布西耶的《走向新建筑》出版之后，至今有关建筑创作的最重要的一本书。"这本书的全名是《建筑的复杂性与矛盾性》，出自美国建筑师罗伯特·文丘里之手，他说该书是来自"非直截了当的建筑"的"温和宣言"。

这本书的影响甚为广泛，以至于很多罗伯特·文丘里用来总结自身想法的著名句子，后来都成为设计工作室的通用语言，例如"令人费解的整体""主街基本都是没什么问题的""矛盾共处"等。

从历史角度来看，文丘里的这本书可视为后来的后现代主义建筑的第一波火力进攻。文丘里反对"形式追随功能"的信条和评判态度，在他看来，这种信念渗透了现代建筑，他呼吁建筑师既要回顾建筑史，也要正视我们所生活的日常世界。他宣称"少即枯燥乏味"，他支持模棱两可和对国际风格"纯粹性"的扭曲。在着迷于流行文化的同时，文丘里沉溺于建筑史的研究，尤其偏爱其中神秘的阶段，例如意大利的矫饰主义。他将流行文化和建筑史都视为布局想法和"效果"的来源，至于这些元素过去为什么会被运用到某个特定的作品中，这方面深刻的历史原因，他却不怎么深究。

文丘里虽然对20世纪60年代的现代建筑实务提出了正面的抨击，但他绝非抱着全盘否定的态度。他喜欢评估的目标是那些号称"伟大的简化者"，其中密斯·凡德罗和弗兰克·劳埃德·赖特是最明显的代表人物。例如，他不喜欢赖特魔似地在设计中压抑对角斜线，比如流水别墅（参见第61页图）的设计，但他倒是称赞阿尔瓦·阿尔托利用双皮层来塑造室内空间，或勒·柯布西耶在萨伏伊别墅（参见第141页图）设计中，在拥挤复杂的平面和看似简单的立面营造出来的对比效果。

文丘里这本书大获成功的原因主要在于，书中的结论来自他对自己设计作品的分析，而这些建筑在设计上也遵循了他在书中所提到的理念。这其中包括他在1962年为母亲维娜·文丘里设计的住宅，这件作品注定会变成后现代主义的象征之一。它先以一个引人注目的大宅式山墙来欢迎访客，山墙图案近乎孩子气的感觉被矫饰主义的裂缝式山墙削弱了。类似的手法还包括一扇普通的小方窗，同勒·柯布西耶式的横向长窗并置在一起。在平面上，入口、烟囱和楼梯相互争夺中心位置，并在过程中曲折蜿蜒，但是在空间布局上，这套住宅融合了普通房间和现代感的空间。

"母亲之家"（1961—1964年）成就了一个建筑的完美典范，从这点来说，它的展示可谓无比清晰，甚至很难超越。但它也同样清晰地暴露出这种建筑方式的弱点，比如将建筑视为某种布局图集大全，完全不考虑任何建筑的逻辑，旨在通过符号的集合来产生意义，而不是通过来之不易的、诚实的、艰难的统一来体现。

主街基本都是没什么问题的。

罗伯特·文丘里设计的位于费城的"母亲之家"是一种家庭住宅的形式，以赞许和接受的方式来处理"复杂"的结构，而不是以压制"矛盾"的布局进行设计。

左上图：罗伯特·文丘里设计的庙宇式棚架是对“装饰性棚架”的一个幽默的说明，他将其视为通用设计类型。

上图：位于美国内华达州芬利的亚马逊配货仓库，就是一种典型的大型棚架结构，用于满足现代商业的需求。

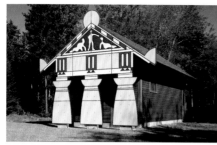

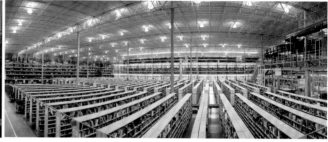

正面装饰过的廉价建筑

观念 83

棚　架

尼古拉斯·佩夫斯纳在他著名的《欧洲建筑纲要》（1942年）一书中，开篇就为建筑和建造做了一个如今被认为臭名昭著的区分，他是这样说的：“自行车车棚只是一个建造物；林肯大教堂才称得上建筑作品……‘建筑’一词只是用来指在设计上带有美学诉求的建筑物。”

这种界定不仅让人们质疑所谓“美学诉求”的本质和起源，还会使人们质疑自行车棚为何就无法实现美学诉求，毕竟稍大规模的类似于棚架结构的建筑所具备的美学优点，受到现代设计先锋们的认可和推崇，而尼古拉斯·佩夫斯纳本人也是他们的支持者。

棚架这种基本的封闭结构形式在20世纪产生了很大的吸引力，不过这个词汇之所以流行，倒是很大程度上与对拉斯维加斯大道所作的分析有关，该分析见于罗伯特·文丘里、丹尼斯·斯科特·布朗和史蒂文·艾泽努尔在1972年联合出版的《向拉斯维加斯学习》。他们三人表示，所有的建筑物要么是“鸭子”，要么就是“装饰性棚架”。前者的模型是长岛一家盖成鸭子状的餐厅，透过餐厅的造型告诉消费者它所提供的食物种类。相反，典型的拉斯维加斯赌场往往是大型的、深平面的“棚架”，带有大量灯光招牌，向过往车辆中的人们宣告它的吸引力。

三位作者接着指出，所有的建筑物都可以用这种方式来看待：现代的、“功能主义式”的建筑，企图透过昂贵的，通常是毫无必要的做作形式来传达目的；反之，许多传统建筑，例如亚眠大教堂（参见第26页图）和威尼斯总督府（对页上图），则采用便宜的棚架结构加上浮夸的装饰立面：它们目的是修辞性的，但这种观点的简化性倒是令人吃惊。尽管如此，这种观点和当代许多建筑方案之间的相关性倒是显而易见，也和后现代主义刚刚萌芽的有关建筑意义的论述相呼应，于是“装饰性棚架”一词很快进入建筑语言的世界。

英国评论家马丁·波利在《终点建筑》（1998年）一文中，强烈抨击建筑上的虚荣做作，大肆褒扬工业与商业用途的大型棚架，包括大型工厂仓库，以及建在高速公路交汇处周边的物流场所。波利指出，这类建筑于20世纪70年代首次出现在欧洲，到了80年代，“数以百万计的城市商业和零售中心如雨后春笋般出现，加入了它们的行列”。他的观点有双重含义：这项天翻地覆的变化发生时几乎没输入任何“建筑”的信息；它提供了一种更好的模式，胜过大多数建筑师所依赖的过时价值理念。

马丁·波利举了两个例子作为比较：一是位于英国伯明翰附近的吉百利的复活

上图：威尼斯总督府具有精致的石质正面和平淡无奇的砖质侧面，这在罗伯特·文丘里的概念里，会被归类为典型的"装饰性棚架"建筑。

右图：20世纪80年代，仓库和工厂建筑群围绕一条主要高速路兴建的做法非常常见，这也是工业发展的一个特点，其中位于南威尔士纽波特郊区高速路附近的建筑群就是个例证。

节彩蛋及物流中心；二是伦敦大英图书馆那栋充满传奇色彩且有35年历史的建筑物。波利认为，前者的工程和角色完全不同于大英图书馆，但成本只是后者成本的零头，这为保护过时的知音式纪念性"神殿"提供了更好的另类选择。波利的看法无论多么忤逆大多数建筑师，但有装饰和没装饰的棚架，就和它的古老亲戚——原始小屋一样，注定会继续以"零度"建筑的角色散发出迷人的魅力。

这是1978年阿尔多·罗西想象中的城市，他将这幅作品题为"伟大的城市建筑"，虽然呈现的是一种梦幻般的世界，但在他看来却是一种持久的、基本的建筑形式或者类型。

空间的记忆

右上图：意大利城镇卢卡的中心是一组椭圆形的建筑群，构成古罗马的圆形剧场，这就是阿尔多·罗西所谓的城市的"记忆"。

右下图：阿尔多·罗西设计的摩德纳圣卡塔尔多公墓（1972年）的设计理念就是"亡者的城市"，其中融合了对于墓园、住宅和城市形式的记忆。

观念 84

类 型

意大利建筑史家朱利奥·卡罗·阿尔甘于1962年发表的题为《论建筑类型学》的论文中，将类型定义为一种经由历史累积所形成的"形式"共识，类型虽然会随着历史发展产生种种变体，但在本质上看来都是一样的，尽管其使用可能会发生巨大的变化。

类似于其他同样来源于柏拉图思想的概念，诸如"形式""观点""类型"等，已经在建筑里产生了某些特定的关联。这些关联源自法国考古学家和历史学家德·昆西于1825年出版的《建筑历史辞典》：

井然有序的建造艺术，诞生于预先存在的种子。凡事必有前因，没有任何事情能够凭空生出，而且这适用于所有的人类发明。我们也观察到，所有的发明无论后来如何改变，始终会以明显可见的方式保有最初的基本原则……这在建筑领域被称为类型，在人类其他发明和习俗的领域亦然。

这种保守观念与信奉原创性的现实主义理念不一致，一直到1962年拜朱利奥·卡罗·阿尔甘的论文所赐，德·昆西的观念才得以再次出现在主流思想领域。在阿尔甘的理念中，类型并非不可逾越的理想模式，而是历史意义的源头，其意义只会逐渐发生改变。城市的纹理就是这些历史类型的储存库，应该被尊敬，而不应该被大规模整体重建。

在英语语言中，类型的概念也在因1967年艾伦·科洪发表的《类型学和设计方法》一文而受到广泛的讨论。功能主义者宣称，可以根据规划方案和场地的需求，从纯粹经验层面得到想要的建筑形式。艾伦·科洪对这种观点提出了质疑，他强调这些因素可以限制形式，但永远无法决定形式，而建筑师在设计形式的过程中，必然会根据已经存在的类型做出形式方面的选择。艾伦·科洪和当时影响广远的结构主义论调一致，他强调这些形式决定基本上都是武断和传统的，都是根植于建筑的文化之中，并非来自某些人自以为是的具有准科学的客观性。

阿尔甘的理念对意大利新理性主义产生了重大影响，包括卡罗·艾莫尼诺、乔治·格拉西和阿尔多·罗西（1931—1997年），这点在罗西出版的《城市建筑》（1966年）一书中可见一斑。罗西的想法可以提炼为"类比性建筑"。他将建筑视为城市的"记忆"，并认为建筑物就和人类的记忆一样，可能是一种"病态的"或"具有驱动性的"。以"城市文物"为表现的关键的城市记忆，更多是永恒的，也允许改变，甚至充当着改变的催化剂的角色。因此，建筑类型一方面保留它的大致形式，同时面向新的用途开放，而且是以类比的方式运作，往往相当模糊、充满暗示性、如同梦境，所以建筑师应该致力于在自己的作品中唤起类似的特质。例如，罗西在设计著名的摩德纳圣卡塔尔多公墓（上图）时，为唤起对住宅、城市和墓园的记忆，将它们融合到史无前例的崭新综合体之中，其中的每个记忆似乎都包含了其他记忆，从而体现出人类对于生死的沉思。

对环境的呼应

观念 85

环　境

　　认为建筑设计应该"呼应"环境或和环境"相关"，是相当接近的想法，且根源不一，包括：保守运动的发展；建筑师重新发现城市是文化"记忆"和建筑"类型"的储存库；都市设计变成一门独立学科；寻找地域认同；后现代主义拒绝客观的真实和通用性的文化叙述。

在建筑上，后现代主义认为所有的知识和经验都是在特殊的文化和物质环境中产生的，这种信念经由日益受到关注的现象学传达出去，主张唯有把人、事和建筑物视为这个世界的完整整体，才能真正理解它们。

　　不过早在这类后现代关怀出现之前，建筑师便企图把"陷绊"在环境中的建筑概念表现出来。赖特就曾提出一项著名的观察，指出建筑物应该"属于"山丘，而不只是"矗立其上"。他毕生的作品正是一连串的尝试，企图将建筑物与所处环境融为一

左下图：恩瑞克·米拉莱斯设计的乌特勒支市政厅扩建案，融合了修复的老建筑和扩建的新建筑，它体现出如今盛行的对建筑所处"环境"作出回应的理念。

下图：阿尔瓦罗·西扎设计的勒萨德帕梅拉游泳池（1966年）就考虑到了泳池所处的环境，体现了"自然"和建筑的微妙互动。考虑环境的设计其实是从古代的场所观念中吸取了精华。

建筑物应该"属于"山丘，而不只是"矗立其上"。

体：大草原式住宅的水平线条，流水别墅（参见第61页图）的地质分层形式，西塔里耶森无与伦比的"沙漠之家"（参见第156页图）同时回应了地景和美国原住民文化……凡此种种，全都证明了他有能力处理不同所在地建筑的独特品质。阿尔瓦罗·西扎在葡萄牙波多附近，连结陆地与海洋的那座极度精美的游泳池（右上图），是广受赞扬的与环境互动的建筑，在精神上也是赖特式的。

在后现代主义的唤醒声中，对环境的回应，特别是对场景的回应，激发出各式各样的走向。例如西班牙建筑师莫内欧设计的穆尔西亚市政厅扩建设计中那面广受模仿的"跳舞的竖框"，最初是被构思成一种抽象的形式韵律，与位于广场另一端的巴洛克教堂呼应。反之，斯特林和威尔福德事务所在斯图加特设计的国家美术馆扩建项目（参见第138—139页图）则是提供了比较直接而异类的环境"参照"：体量呼应了基地四周由街道和高速公路框画出来的截然不同的立面高度；平面则以看似"废墟"的开放式圆顶主厅呼应新古典主义的主建筑以及泛称的古典类型；音乐侧厅的平面呈大钢琴状，一方面营造出声音适当的厅室，同时唤起了深受喜爱的现代主义母题；图书馆的设计则是呼应了勒·柯布西耶在该城另一端的白院基地上所设计的魏森霍夫双宅的体量和窗型。以类似的充沛活力介入都会环境的例子，还有米拉莱斯的乌特勒支市政厅扩建案（左上图）。既有的建筑群是由十几栋无法贯通的中世纪房舍和城堡组成，宛如错综复杂的迷宫，业主要求米拉莱斯将它改造为一座开放的、透明的、吸引人进入的复合建筑。米拉莱斯采用激进的手法，将新旧层次交叠成一种建筑拼贴，一方面将旧建筑做好的部分保留下来，另一方面又颠覆了人们对它的熟悉感。对米拉莱斯以及斯特林和威尔福德事务所而言，"环境"是由地域性和历史性共同组成的复杂混合物，所有的建筑物都被牢牢绑在其中，无法脱离。

上图：查尔斯·摩尔位于美国加州的奥林达住宅（1962年），分别由四根柱子支撑位于主屋顶内的两个不对称的金字塔屋顶，形成两个独立的子空间，否则就将是一个彻底开放式的平面。

右图：尽管被当作现代主义自由平面的典范，密斯·凡德罗设计的吐根哈特住宅（1930年）仍然宣告了"场所"理念的来临，就如图中所见到的，半圆形的檀木屏环绕着偏黑色的梨木餐桌。

建筑作为某种场合的空间

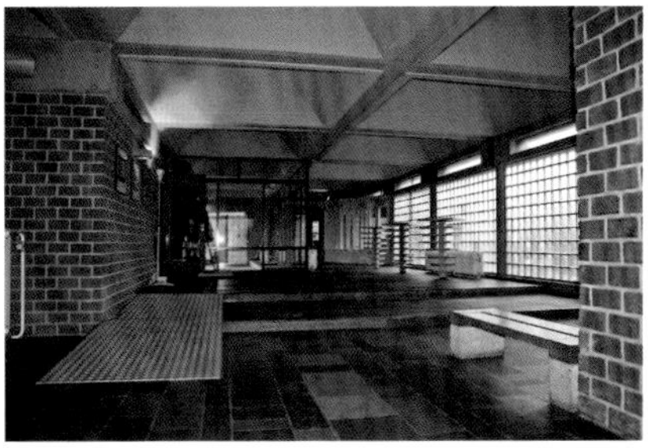

阿尔多·范·艾克设计的阿姆斯特丹孤儿院的核心理念就是将中央区域视为室内的一条“街道”，为孩子们提供坐下来、见面和玩耍的机会。

观念 86

场　所

今日无处不在的“场所”一词，是20世纪50年代由荷兰建筑师阿尔多·范·艾克引入建筑领域的，并成为第二次世界大战后批判国际风格最具影响力的观点。

阿尔多·范·艾克对“场所”一词最广为人知的使用是出自其于1962年的一篇类似诗歌的文章——《场所与场合》，该文值得我们大篇幅引用如下：

空间没有一处、时间没有一刻是真正属于我们的/我们被排斥在时空之外/为了被时间空间纳入，为了帮我们找到归属/我们必须被纳入到它的意义之中……无论空间和时间意味着什么，场所和场合都意味着更多/因为空间在我们的意象中即场所，时间在我们的意象中即场合……让我们由此开始：衔接在两者之间/让每扇门以欢迎的姿态面对来客/为每扇窗赋予面部表情。让每一个地方成为一个场所/让每栋住宅和每座城市成为场所的集合（住宅就是一座微型的城市，而城市则是一座巨型的住宅）。

基于范·艾克所拥护的具体精神，我们可以从他设计的阿姆斯特丹孤儿院（右上图）中，看到这个理念最完美的诠释和体现，这个项目已经变成这一理念的宣言。在范·艾克的构想中，这座孤儿院是绕着一条街道似的主干线组合而成的“微型城市”，将正方形浅圆顶的集中式单位以加法架构组合起来，并利用高度、光线、适合孩童尺寸的内嵌式家具、自由立灯和其他种种细节，创造出丰富多彩、极为舒适的居住场所。他让门扇处的地板隆起，形成半圆形的阶梯，把门打造成“为某种场合而存在的场所”，甚至在墙面和楼板嵌入许多的小镜子，迎合小朋友们的心理需求。

范·艾克的理念影响相当广远。尤其是在美国西海岸，例如查尔斯·摩尔在加州奥林达为自己盖了一栋度假屋（对页上图），以微小的尺寸展现这种创造场所的建筑取向。摩尔用两组他所谓的“四根柱子”将正方形的自由平面接合起来：开放性的神龛式结构让人回想起洛吉耶的原始小屋，金字塔式的“屋顶”向上收拢，在屋脊处变成了一扇采光天窗，创造出一种特定光线，强化了他为床铺和凹陷的开放式浴室打造的“场所感”。摩尔的想法和作品，透过他和杰拉尔德·艾伦、唐林·林登合写的《住宅场所》广为流传，该书1974年出版，至今仍不断加印。

这种强调场所的概念很快就扩大到都市和景观设计，在这两个领域里，它是与古老的场所精神观念相联系的，这无疑也是一项重大转变的指标，预告这个世界即将进入所谓的后现代主义思潮，这种关联很容易让人误以为早期的现代主义建筑缺乏场所观念的特质。事实并非如此，勒·柯布西耶在萨伏伊别墅的浴室里设计了天窗和贴有瓷砖的长榻，和查尔斯·摩尔在奥林达住宅里为沐浴打造的特定场所相比，一点也不逊色；而历史上也没有几栋建筑比密斯·凡德罗的吐根哈特住宅（1930年，对页下图）拥有更奢华的用餐“场所”，他以半圆形隔屏围住那张精美无比的餐桌，隔板内侧衬有花纹华丽、异国情调，以书页式拼板法拼贴而成的黑檀木皮。

对建筑物的感官体验

斯蒂文·霍尔设计的位于美国西雅图的圣伊格纳斯教堂，具有纹理的表面和丰富的光线色彩，为参加宗教仪式的人提供了空间体验上的强烈视觉感官刺激。

观念 87

现象学

　　现象学是欧陆哲学的一支，目的是要通过身处这世界中的一个具体存在所感受到的体验来了解这世界。应用在建筑上时，现象学的观点力图确保体验的首要地位，不让它在应付现代发展的复杂性和庞大规模时被忽视，或因为迷恋于空间结构的抽象系统而遭受牺牲，因为后者无法辨识居住场所与几何空间有何差别。

虽然黑格尔在18世纪使用过"现象学"一词，但当代对于这个哲学和建筑观念的理解，主要是来自胡塞尔、海德格和梅洛-庞蒂。从20世纪70年代开始，这个观念就在建筑上广泛采用，主要是通过诺伯舒兹、达利博尔·维斯利和肯尼斯·弗兰姆普敦这几位深具影响力的建筑史学家和评论家的撰文引介。

　　受到现象学启发的建筑思想之所以能普及开来，有一本书扮演了重要角色，那就是法国哲学家巴舍拉的《空间诗学》（1958年），在20世纪70年代和80年代，这本书在建筑学院备受"膜拜"。巴舍拉将他的分析基础建立在我们对建筑物的生活体验上，而不是像启蒙时代的思想，企图以他传说中的起源为基础。巴舍拉分析诗歌，借此揭露阁楼、地窖和抽屉这类基础（居家）空间类型的特质。他在字里行间暗示性地鼓励建筑师不要以抽象概念为本，而要将作品奠基在它将营造出来的体验上。

　　现象学的关键概念是"生活世界"，指的是一般人视为理所当然、不会特别留意的日常生活环境。现象学分析希望透过一种观点的转换——也称"现象学还原法"，将一种反思、共鸣的态度带入日常。20世纪70年代，英国埃塞克斯大学在维斯利和里克沃特的教导下，培养出一批具有影响力的建筑现象学家，包括大卫·莱塞巴罗和阿尔贝托·佩雷斯·戈麦斯。而近来芬兰建筑师及理论家帕拉斯马的作品，比如《以眼触摸》（1996年），也一直在建筑学院广为流传。

　　从建筑界越来越关注感官刺激的设计，强调光影运用，追求材料触感，寻求一种近乎戏剧编排的气氛营造，便可清楚看出现象学观念有多流行。今日首屈一指的职业建筑师中，斯蒂文·霍尔和彼得·祖索尔都宣称自己是"建筑现象学家"，而安藤忠雄也借用日本人注重场所感受的传统思想，强调光线的特质和表面的触感。在许多人眼中，彼得·祖索尔设计的瓦尔斯温泉浴场（1996年，对页图）以纹理丰富的石头墙面以及劈穿过混凝土屋顶的光线，营造出浓烈的沉思氛围，具体实践了以体验作为建筑基础的现象学理论。不过霍尔热爱流动的七彩光线、材料触感，并用蜿蜒的楼梯坡道来强化穿越空间时的身体体验，在这方面同样不遑多让。

为了从各个方面扩大我们的感官体验，彼得·祖索尔设计的瑞士瓦尔斯温泉浴场，彰显出其受到现象学理念的鼓舞，以及设计师对于感官体验的全面关注。

建筑物外层

上图：埃罗·沙里宁设计的通用汽车技术中心，建筑具有光滑的外表面和大胆的色彩标记，也使这栋建筑被当作近年来对于建筑表层关注的先锋。

下图：为2008年北京夏季奥运会而修建的"水立方"（国家游泳中心）是以薄膜作为设计模型，采用ETFE（乙烯—四氟乙烯共聚物）膜作为表层，为处理建筑壳层提供了全新的引人注目的方法。

观念 88
皮 层

"皮层"现在已成为描述建筑物外层的通用词汇。这个词汇反映了近年来的两股趋势：一是拜雨幕墙等创新发明之助，人们开始将建筑外部视为内部的自然延伸；二是人们越来越意识到，建筑物的外壳必须扮演某种复杂的环境过滤器，这是被动式设计的一大重点。

第一股趋势的具体代表，包括弗兰克·盖里建筑的性感表面，例如西班牙的毕尔巴鄂古根海姆博物馆（参见第198页图）、美国洛杉矶的迪士尼音乐厅。还有所谓的瑞士盒子学派，以赫尔佐格与德梅隆建筑事务所、彼得·祖索尔和古耶等建筑师为代表。盖里的形式灵感部分来自18世纪肖像中那些滑动的衣褶；赫尔佐格与德梅隆则在1993年的某次访谈中表示，他们的目标是将手中的材料逼到"极限"，让材料摆脱掉了"存在"之外的一切功能，古耶曾谈论"材料的炼金术"，尤其善于出人意表，例如他在达沃斯基希纳美术馆（1989—1992年）的设计案中，直接在绝缘层上放置玻璃，作为一堵石墙的皮层，完全颠覆了我们所认为的玻璃"本质"。

从生物学的角度来看，我们一方面可以把建筑物的皮层视为内部空间"器官"的延伸，如同许多电脑辅助设计方案给人的印象（但直到目前为止，实体建筑较少让人有此种联想），另一方面是作为一种调节内外互动的手段。后者主要是和多层次的玻璃立面有关，可以调整不同类型的玻璃和涂料，达到想要的环境

效能。

建筑用织物或许最能名副其实地将建筑物的外壳表现为皮层，虽然织物结构可回溯到建筑根源——英国史家弗莱彻爵士在他著名的《世界建筑比较史》中，就是以帐篷作为第一张插图，直要到最近先后发展出可以在玻璃纤维上涂覆PTFE（聚四氟乙烯，以杜邦品牌铁氟龙"Teflon"最为著名）和ETFE（乙烯—四氟乙烯共聚物）的技术之后，织物才开始运用在大型的永久性建筑之上。PTFE玻璃纤维的例子，包括霍普金斯1985年在英国剑桥附近设计的斯伦贝谢公司研究中心，织物材质的屋顶有些笨拙的方式顺垂而下，迎合着钢铁和玻璃结构的直角的几何形态；而

著名的英国康瓦尔郡伊甸园和为2008年中国北京奥运会兴建的水立方游泳中心，则都是以夸张的ETFE气枕作为覆面。

随着纳米纤维和所谓的智慧型织物的出现，未来建筑物的皮层设计师将拥有可以自由运用的薄膜结构，后者是由织入太阳能电池的皮层和活性遮阳系统制造而成。而玻璃科技的类似发展，也将使未来的建筑皮层越来越能反映真实皮肤的复杂性，作为内外环境的互动中介。

建筑的皮层可以被视为内部空间"器官"的延伸。

外事建筑事务所在设计构思日本
横滨大栈桥国际客运码头（1995—
2002年）时，是将其当作一个连续
的平面，将在内部行走的客人包裹起
来，设计上使其合理地分成一系列折
层结构，全面利用电脑辅助设计和制
造工艺。

使用绘图板的数字建筑师

观念 89

电脑辅助设计

由电脑生成的视觉化影像，通常是以照片般真实渲染的效果呈现，这显然已成为今日向客户、规划委员会和媒体做设计方案时最常用的手法。而新一代的所谓数字建筑师们，也正在开发以参数形态建构软件的各种潜力，希望设计出在电脑辅助设计系统出现之前无法想象的建筑。

电脑辅助设计和许多先进科技一样，也是源自军事界。20世纪50年代，美国空军总部和麻省理工学院合作，发展出一套结合了阴极射线管显示器和光枪科技的系统，用来锁定出现在雷达上的飞行器并指定防御战术。1960年，美国制造光学设备的国防承包商伊泰克得到资助，发展一套人机互动式图像系统，最终研发出著名的电子制图机。没过多久，伊凡·苏泽兰在麻省理工学院提出一篇名为"画板"的博士论文，制造出电子工程制图的原型机，继而在1968年成立Applicon公司。该公司后来改名为Analytics，Inc.，发展商业用电脑辅助设计机器、彩色喷墨绘图仪（1977年首度面市），并在1981年购买了另一家公司的许可证后研发了3D建模软件。次年，一群程序设计师以松散协作的模式成立欧特克公司，致力于生产出普及度最高的2D电脑辅助设计套装软件。

最早的电脑辅助设计系统和相应的操作硬件，由于价格不菲，限制了它们在建筑上的用途。但随着个人电脑在1980年问世，它们也开始取代建筑事务所里的制图板。电脑辅助设计的好处显而易见：很容易整合大型计划案所需的数千份文件，更新也很容易，用魔术胶带将一层层改改擦擦的绘图纸粘贴在一起的时代已经成为历史。尽管有人哀叹徒手绘图技术就此流失，但电脑辅助设计几乎已经全面接收建筑设计中的"施工详图"阶段，不过在设计构思阶段，还是会经常用到手绘草图和模型制作。最新发展出来的"建筑资讯模型"系统，采用3D即时模型把几何空间关系、地理资讯以及筑造构件的数量和特质全部整合起来，一举消灭了过去那种2D制图、3D建模的区分，以及各式各样的相关数据表单。此外，电脑辅助设计和制造系统（即CAD/CAM）也消弭了设计与制作之间的分界。所谓的3D打印机可以让设计快速建模，而用电脑辅助设计制作的绘图或模型，也可以直接传输到数控机器，生产出无穷无尽的独一构件，过去设计需要被"规范化"以符合重复性操作要求，这种情况现在被改变了。诸如毕尔巴鄂古根海姆博物馆（参见第198页图）这样的建筑，可以说将电脑辅助设计的潜力发挥到极致，不过弗兰克·盖里的设计手法也非比寻常。他利用最初为战斗机的数字化风洞测试拟写的软件，像雕刻家般，运用实体模型塑造出波浪形状，然后以镭射扫描模型，得到点云数据，以便进行后续数字化发展。

建筑物外层结构的又一次创新

观念 90
雨幕墙

雨幕墙是新近的一项技术创新，具有深远的实用和美学意义。其做法是从衬里的墙面上利用金属杆件和夹钳等专用工具，将一层薄材料板悬吊起来。所用材料最初是石板，目前则包罗万象，金属、木头、玻璃和合成材料，不一而足，目的是要创造出一个中空层，通常是25到30毫米，让空气得以流动。

在设计瑞士苏黎世这家酒店的配套建筑时，布克哈特和舒米使用木质雨幕墙来保护墙壁，以及遮挡窗户和阳台，让酒店可以根据使用需求来进行转换。

雨幕墙板之间的结合处也要保持开放，通风用的真空层可以让所有渗透进来的水气移除，有部分借由蒸发，有部分则是顺着板材的背面流到底部排出去。

雨幕墙最初是为了解决石头覆面所产生的问题，但这套系统的好处不少。首先，可以使用薄而便宜的板材（不过最近大家越来越担心它们可能撑不到原先预期的60年寿命）；第二，因为可以让每块板材固定在后面的结构上，从而抵消掉传统石头覆面系统所产生的应力。第三，因为让结合处敞开，所以不需要使用经常在旧式覆面系统中造成大麻烦的密封剂。最后，因为可以在衬里墙外侧填上隔热材料，减少冷桥效应，同时把墙体当成"热飞轮"降低建筑物内部的能源消耗，成为广义的被动式设计策略的一部分。不过在建筑上，雨幕墙的意涵有比较多问题。库哈斯在1978年出版的《狂谐纽约》中，以挖苦的口气预言："科技+硬纸板（或其他任何轻薄脆弱的材料）=绝对现实。"库哈斯当时指的是由纽约康尼岛的短命"建筑"所营造出的硬纸板错觉，后来他之前所属的MVRDV建筑事务所在荷兰海牙附近设计的住宅计划，则是用木材、陶瓦、铝和其他材料来打扮那些长得大同小异的住家，不过从康尼岛发展到海牙，并不是跨越性的变化。雨幕墙比他先前所有的营造形式更为强烈地迫使建筑物的内部结构与外部形貌彻底分家，并因此让自工业化时代以来建筑师和理论家深以为是的许多观念都变得不确定起来，其中最明显的就是"忠于材料"这点。

雨幕墙允许设计者自由表达，近来在建筑上广受利用，为合适的木材创造出意料之外的新市场，例如今日在全球随处可见的北美红杉，也让"奢侈性的"薄板材料得到更广泛的运用。另外，如不锈钢板和钛合金板，后者尤其受到弗兰克·盖里的青睐，西班牙毕尔巴鄂古根海姆博物馆和其他地方的波浪曲面都是以钛合金板为材料。雨幕墙在有才华的设计者手中，确实能创造出令人惊艳的成果，但是在商业建筑的世界里，将建筑物简化成耐久但毫无特色的结构"外壳和芯核"，加上多少属于短暂性的外部"装修"，在这个日益关注可持续性设计的世界里，似乎是有问题的。

位于柏林的北欧五国大使馆（1999年），被称为"所有人的房间"，是由阿尔弗雷德·伯格与蒂娜·帕基宁建筑事务所设计的，整个建筑的外层被蜿蜒的绿色铜墙包围起来，长达226米，既是雨幕墙，也是可调节的环境过滤装置。

建筑内部的结构和其外在的形式发生了彻底的分离。

每个人的建筑

观念 91
社区建筑

"社区建筑"一词是在1975年由记者肯尼维堤所创，用来描述英国一个住宅运动，该运动需要使用者参与建筑物的设计。后来这个词汇渐渐纳入源自20世纪60年代政治行动主义的不同趋势，并越来越关注大型都市更新所造成的冲击，简·雅各布斯在《美国大城市的死与生》一书中对此提出了尖锐批评。

社区建筑经常会融合自建的部分，鼓励建筑的使用者融入整个设计和建造过程，比如帮助修建沃尔特·西格尔住宅（顶图）和竖起木质的框架结构（上图）。

哈克尼是英国社区建筑早期的主要推手之一，他后来当选为英国皇家建筑协会主席，他在曼彻斯特大学念研究生时，买下了麦克莱斯菲尔德黑路上的一栋住宅，原因只有一个：那栋房子按计划要拆毁。他怂恿其他家庭和他一起制定一项再生方案，其中大部分的工程都要自建。由于哈克尼在宣传方面特别有天分，这次计划便成为日后无数社区营造方案的催化剂。

瑞士移民西格尔是自建领域的一位重要领袖。他在20世纪60年代于伦敦海格区为自己设计了一栋木架构住宅，这栋住宅后来变成西格尔自建系统的原型。20世纪70年代，伦敦路易森行政区还为有关先锋团体取得可使用的土地。1985年，西格尔辞世，一个信托基金随后成立，致力于推广他的系统。

虽然社区建筑方案的社区价值广获好评，却很少产生在建筑上具有重要意义的作品。不过还是有一些著名的例外。瑞典建筑师厄斯金在新堡推行的百克住宅发展计划（1969—1980年），建造之前曾与居民进行密集的协商咨询；而比利时建筑师克罗尔在布鲁塞尔郊区为天主教鲁汶大学乌留蔚校区设计的医学院校舍（1970—1982年），据说是因为学生在设计过程中的参与，而展现出一种井然有序的无政府主义。

企图用条理分明的叙述将参与式设计过程理论化的代表人物，是英国学者型建筑师亚历山大，他曾在美国加州大学伯克利分校任教多年。1977年，他出版《建筑模式语言》，对传统建筑物做了详细彻底的分析，并提供了一套取代传统方法的程序，重新发现他深信不疑的"建筑的永恒之道"（1978年著作的书名）的普遍价值。

近来社区建筑最有趣的的范例，是美国亚拉巴马州奥本大学乡村工作室的作品。乡村工作室由善于鼓舞人心的建筑师暨教师莫克比（1944—2001年）创立，既是一种教育手段，也是改善美国最穷困区域生活条件的一种方法。1994年，他们以第一个项目巴尔宅引起人们的注意，那是为一对七十几岁的老夫妇兴建的房子，他们原来是在一栋破旧的棚屋里抚养三个孙子。莫克比和他的学生以他们对南方乡土建筑的理解为基础，引入激进的当代美学，创造了一系列创意建筑项目，项目多是以充满想象力的方式运用废弃或可回收材料建造而成的。

从20世纪60年代后期开始，沃尔特·西格尔就尝试发展一种木质结构的建造系统，避免使用"湿"的建造技术，诸如需要砌砖和抹灰泥，借此让那些建造技术相对低下的人也能自己动手盖房子。

有障碍的其实是环境，而非个别的残障者。

通用性设计的要求对老建筑提出挑战：伦敦的英国皇家建筑师学会想采用一道缓坡，同原有的台阶优雅地衔接起来，但即使是这么做，也有很大的困难。还有一些城市，例如意大利的佩鲁贾，不仅仅是教堂前面的台阶，而是整个教堂残疾人都无法进入。

对所有人通用的设计

美国卫浴品牌科勒公司的浴室样板间试图证明，"常态"的设计也能用来满足通用型的需求。

观念 92

通用设计

20世纪下半叶，人们日渐关注设计应该符合身心障碍人士的需求，到了20世纪90年代，通用设计的观点开始变成国际瞩目的焦点。

通用设计的观念也包含了"婴儿潮"一代年纪渐长后所关心的一些议题，并受到20世纪80年代英国兴起的身心障碍社会模式观念的影响，但根源是更早期也更全面的民权运动。该派的倡导者指出，由社会加诸的各种障碍、负面态度和排斥措施，都在有意无意之间界定了哪些人是身心障碍者，哪些人不是。根据他们的看法，有障碍的其实是环境，而非个别的残障者，而当人们体验到个别差异可能会导致个别限制时，就不会再把这些差异视为社会排斥的首要原因。

这套范式日益为人们所接受，关注的范围也远远超越传统上的身体残障者。通用设计推广人人都能有效使用的建筑、产品和环境设计，以此表明好的建筑除了好看之外还要好用的重要性。

随着重大伤残、疾病和天生残疾者的预期寿命和存活率不断提升，通用设计的关注内容已大大超越先前那种普遍把"残障设计"和坐轮椅的人联想在一起的狭隘看法。如今障碍不再被视为个别人的静态特质，而是个体与环境之间的动态关系。透过更深思熟虑的设计，每个人都可以更"有能力"。如果整体环境的友善度提高，身心障碍人士就能更自在地行动，他们对辅助科技的需求度也就能跟着降低。

在建筑上，通用设计的需求包罗万象，但处理的大多是细节问题。通用设计呼吁用斜坡道取代小段台阶或两者同时并陈；入口处采用平滑地面，不要有阶梯或门槛；加宽内部门道，以方便轮椅进入；将残障厕所设在男厕或女厕内部，不要独立开来；以水平把手取代旋钮；用大型的平板式电灯开关取代小型的切换式开关；光线要充足，尤其是在需要执行视觉性工作的场合；保持视线清晰，减少听障者对于听觉的依赖，等等。

处理这些问题，也造成了一些更为全面性的影响，比如减少平面变换以及改用照明区隔建筑物的不同部分，前者是因为适合轮椅的斜坡道往往太耗费空间，后者则是顾虑视障者的需求。批评家认为，过度热衷于推广这类做法，可能会导致全球建筑的同质化，重蹈晚期国际样式的覆辙。而后者就是因为太过千篇一律而终于招致反对，他们支持更强烈的地区主义表现和本地认同，这也就带动了后现代主义的兴起。

将建筑师与营造者融为一体

观念 93

设计与施工

设计和施工分途是建筑师得以发展为一门独立事业的基础，建筑师负责建筑物的设计，并想办法取得营造竞标。在许多国家，这种责任区分甚至扩大到设计和营造各自独立的程度。

例如，在美国，大多数建筑师必须把细节交给承包商；在法国，建筑师和工程顾问公司是分开的，后者负责设计确认是否符合法规并绘制工程图，这项分野的源泉，与将建筑视为艺术的看法密切相关。

现在许多建筑项目因为规模庞大，内容复杂，确实需要无数的专家顾问和转包公司协助，如何整合相关各方源源不断的信息也成为一大挑战，而由此导致的工程搁置和成本增加，也变得越来越严重。设计和施工分开就是为了应对这种情况，在英国，这类观念尤其受到1998年出版的伊根报告"施工反思"思想的大力提倡。

伊根爵士主张，设计和施工必须根据传统上建筑承包者模式进行更大程度的整合，希望借此创造出更无缝、更精细的工作流程，提高效率。没想到这项构想带来的最主要影响，竟是越来越多的设计师受雇于承包商而非业主。此外，特别是著名的项目或者所处环境复杂时，负责设计的建筑师除了得让规划师表示同意，或许还得明确施工用的指导细节。接下来，这项设计可能会由建造承包商接管，他们雇用另一名建筑师（有时则是同一人）绘制施工详图。理论上，这项报告是客户给的成交价决定的，如果最后有增加，必须由承包商负责吸收，结果往往导致细节粗制滥造，原本的曲面变成小斜面，最后导致建筑品质打了折扣。

设计与施工一体可以确保降低业主的财务风险，缩短建筑交付的时间，让参与单位得到更好的沟通，以及责任归属单一化，这些成本和时间限制都很严格的项目，确实有吸引力。但是对于那些在意建筑品质的人而言，设计和施工经常会出现问题，缩短设计过程已经司空见惯，有时甚至遭到严重压缩，建筑师因而受雇于承包商，对于设计决策也不像以前那样具有权威，而将咨询服务与承包商的工作结合一起，也会简化或混淆工程的责任归属。例如，在项目收尾阶段，清除工程小瑕疵的程序原本由独立的设计师负责，确保工程符合设计图和法规要求，但现在只能依赖设计和营建团队的整合。不过，对于许多客户而言，这些缺点与可感知利润相比无关轻重，设计与建造一体的模式注定将成为建筑业的优势模式。

位于英国谢菲尔德的瓦尔肯大厦（国家边境署的新办公场所）在设计的时候，旨在响应英国政府对于环境保护的要求，该大楼获得过多项建筑设计领域可持续性发展方面的奖项。整个设计团队是由工程师莫特·麦克唐纳德领导的。

向零能耗建筑迈进

观念 94
被动式设计

被动式设计指的是一种尽可能减少使用主动耗能系统，而根据现有环境条件进行建筑设计的途径。

很多当代建筑的被动式设计策略都可以从古代建筑上找到原型，诸如下图中位于伊朗亚兹德的"四向捕风塔"。

被动式设计的主要目标是减少对于人工光线的使用，减少机械通风系统和空调使用。虽然现在已经可以利用精密复杂的数学模型来认识气候、传热和流体动力学，然后透过电脑软件设计建筑物的环境效能，但其实贯穿整个建筑史的被动式设计的基本原则，一直以来都被用在世界各地的乡土建筑上。

传统的被动式设计中最重要的一项因素，是建筑物与太阳之间的方位关系。古希腊和古中国人只要有可能，都倾向让建筑物坐北朝南。在中国，地理系统把实用性的太阳能设计与有关太阳、温暖和健康的宇宙观念连接起来，直到今日依然保存得相当完整，其中最有名的就是所谓的"风水"。

在中东地区，最主要的挑战是降低温度，并因而发展出极其精巧奥妙的通风和冷却手法。例如利用捕风塔（上图）从注满水的多孔陶瓮上方吸取冷空气，让风随低温变凉爽。这项技术最近重新复活，变身为"被动式下沉气流蒸发冷却器"，在1992年西班牙塞维亚世界博览会上以锥形织物结构的吸睛形式现身，让开放空间变清凉。伊朗沙漠里的冰屋，是由一间砌了厚墙的贮藏室和遮蔽一方浅水池塘的高墙组成，拜夜晚低温以及向暗黑天空的热辐射之赐，这样的被动式装置甚至可以造出冰块。

罗尔夫·迪施设计的位于德国弗莱堡附近的太阳村融合了被动式和主动式设计，前者体现在朝阳的带有可调节雨篷的玻璃正面，后者体现在使用了光电池的屋顶。

贯穿整个建筑史的被动式设计的基本原则，一直以来都被用在乡土建筑上。

现代欧洲的第一栋被动式太阳能屋，在第一次世界大战结束后建于德国。而在格罗佩斯之后继任包豪斯校长的梅耶是一位机能主义派建筑师，主张"将太阳的用途极大化，作为营建的最佳蓝图"，以便让房子沐浴在阳光下，发挥增进健康的功效。健康考量是被动式设计的一大驱力，其中需求最迫切的就是在欧洲各地相继成立肺结核疗养院（参见第120—121页图）。

在美国，凯克率先于20世纪30年代和40年代设计太阳能房屋，而赖特在1944年设计的雅各布二号宅，以土丘作为屏蔽，平面为圆弧状、表示向太阳的运转周期致敬。在英国，建筑研究站研发出今日众所熟悉的日光系统，利用人工照明模仿太阳运动。这则消息在1931年的《英国皇家建筑协会期刊》中得到广泛报道。

许多"被动式建筑"所采用的关键策略之一，是将白天收集到的热能储存在建筑物的构造当中。为了达到这项目的，有时会用到名为"特朗伯墙"的太阳能吸热壁。这个名称源自法国工程师特朗伯，他在20世纪50年代中期发明这项装置，由隔热玻璃、通风气囊和一道厚墙组成，可以吸收太阳热能。得益于1973年的能源危机，被动式设计催生出无数有关太阳能设计的著作，尤其是在美国。被动式设计的原则如今已广获采纳实践，属于范围更大的可持续性设计的一部分。

环保建筑

伦敦贝丁顿零能耗社区（其更广为人知的名字是BedZED）于2002年建成，是英国被参观频率最高的低能耗、可持续性发展的住宅开发项目。它位于伦敦南部的海克布里奇，是由比尔·邓斯特建筑事务所操刀设计的。

观念 95
可持续性

让新建筑更具能源效益，这项要求刺激了被动式设计的发展。只不过早期的关注焦点是降低运转成本，今日则变成更全面性的"从摇篮到坟墓"的生命周期评估，或是所谓的"生态足迹"。

联合国世界环境与发展委员会（现在一般称为布伦特兰委员会）1987年出版的《我们共同的未来》报告书，在全球引起强烈关注，人们开始担心地球是否有能力在不危害环境的情况下，让快速的人口增长持续下去。

报告书中指出，"可持续发展"是地球能够持续繁荣的关键，"可持续性"这个观念开始进入全球民众的意识之中。不过这类关切并非史无前例，早在人们对工业革命的初期反应中以及大众开始消耗石化燃料时就可以看到。20世纪人类对自然资源的消耗量呈指数性成长，并因此在科学上日渐意识到生命之间的相互依赖，于是生态学开始逐渐成为一门独立的学科。1962年卡森出版《寂静的春天》，揭露了滥用杀虫剂等化学药品和肥料对生态环境的破坏，成为激发人们环境保护意识的催化剂，催生出绿色和平和地球之友等组织。1972年，罗马俱乐部这个总部设在瑞士的深具影响力的国际性非政府组织，出版名为《成长的极限》的报告，让世人注意到能源耗竭的问题。经济学家舒马克在广获阅读的《小即是美》一书中，挑战了现代经济学的许多基本假设。

可持续发展观念也对建筑设计带来巨大挑战。建筑物消耗掉世界半数的能源，是造成全球气候变暖的碳基气体的主要制

伦佐·皮亚诺设计的美国加州科学博物馆（1998—2008年）采用绿色屋顶，种植当地植物，形成一条植物挂毯。同时屋顶也铺有太阳能板，可大幅度减少建筑对热量的吸收。

可持续性是我们这个时代的主要议题，会对建筑产生直接的影响。

造者。如今评估一套建筑物的整体碳足迹时，除了维持建筑物运作必须消耗的能源之外，还包括营造所需的能源（例如加工工人和其他相关人员的交通距离），材料从萃取、加工、制造和运送到基地这一连串过程中耗费的能源，以及材料本身的可持续性。世界各国和地区不断更新建筑法规，确保建筑商必须遵照正确的方式执行，这些法规固然对新建筑有效，但既有建筑仍然是全世界的一大能源问题，相当棘手。

今日大家已普遍认识到，生态可持续发展与经济日益增长的需求之间的矛盾，政府却很少提及，更别说提出解决方案。面对全球气候日益变暖的威胁，可持续性已经成为我们这个时代的主要议题，也会对建筑产生直接的影响。不过，这个议题虽然改变了建筑师的工作方式和建筑物的技术细节，但是在建筑质地的表现上，除了外表披挂宛如苦行僧粗毛衬衫似的绿色"证书"，一眼就可认出的"生态"建筑物之外，至今还看不到太多影响。

垂直墙面和结构网格是对水平墙面的一种抨击。

弗兰克·盖里设计的古根海姆博物馆位于毕尔巴鄂一条大街的尽头，是复杂建筑的一个缩影，甚至看起来有些混乱，这正是所谓的"解构主义"建筑的典型形式。

颠覆正统的建筑理念

观念 96

解　构

解构主义者对正统建筑所提出的最明确的挑战，是他们合力攻击众所周知的一些准则，比如水平楼板、垂直墙面以及常规结构。该派的建筑也有许多看似摇摇晃晃，随时可能崩塌的地方，且空间的使用规则也不是从功能性的角度出发，而是盖好之后才加以配置。

経由法国哲学家德里达在《书写学》一书中的详细阐述，解构理论对西方哲学做了一场激进批判，挑战言说胜于书写的特权地位，并揭露是哪些权利关系支撑了我们常见的一些二元区分，例如形式与内容、自然与文化、思想与感受、理论与实践，以及男性与女性。这些对立当中隐含着"系统性的阶级特权结构"，其中一方借此占据了某种"优势"或"统治"权力。解构主义者将这类结构揭露出来，试图证明被压制的一方，也就是所谓的"他者"，同样不可或缺。如果能探索两者之间的新思想空间，就能打开大门，创造崭新的可能性。

第一批试图将德里达的复杂想法应用在建筑上的人士，包括彼得·艾森曼和初米。他们援用"去结构""去中心"和"断裂"这些词汇，试图从根上瓦解古典主义和现代主义的准则。艾森曼在美国俄亥俄州立大学视觉艺术系的韦克斯纳中心（1983—1989年）设计案中，根据绘制地图的卡托方格坐标投射出新的轴线，"颠覆"原先主导校园的网格秩序。他还重建了废弃许久的砖造军械库，暗中侵蚀对于该基地的某种历史解读；并用一座白色的钢材格状结构物穿越整个建筑复合体，对完美圆满的概念提出质疑。在初米设计的巴黎拉维列特公园方案中，他将整个设计设定成一种"未完成的建筑"，并在整个基地上以格状分布的方式散置许多"华而无用"的亮红色怪东西，任意制定它们的用途，借此挑战人们习以为常的根据规则用途来设定意义的概念。

艾曼森和初米都是1988年纽约现代艺术博物馆"结构主义建筑展"的参展建筑师，该展由菲利普·约翰逊和马克·威格利策划，共有七位建筑师参与。在库哈斯、哈蒂和初米这三位参展建筑师的作品中，可以明显看出他们将结构主义的想法与当时对于20世纪20年代俄国构成主义这项前卫运动的高度兴趣混为一体，不过在另外四位的作品中倒是没这么明显，尤其是弗兰克·盖里。近来，人们越来越习惯把建筑基地和建筑物看成是铭刻了一层又一层的意义。这类观念应用得最著名也最无孔不入的范例之一，是里伯斯金设计的柏林犹太人博物馆（上图），它的碎裂形式是由好几个几何系统叠加而成的结果，包括一枚歪曲的大卫之星和好几条轴线，后者连接了在集中营遭到屠杀的犹太家庭的所在地。

顶图：碰撞网格、尚未完工的"脚手架"和破碎的重建中的军械塔一直占据着附近的场地，直至1958年被彻底拆除，彼得·艾森曼设计的俄亥俄州立大学韦克斯纳视觉艺术中心（1983—1989年）是早期解构主义建筑的代表作之一。

上图：丹尼尔·里伯斯金设计并获得大奖的柏林犹太人博物馆是以对场所和犹太人历史的综合理解为基础的。

浓缩了整座城市的单栋建筑

观念 97

大

1994年，大都会建筑事务所的创立者和主要负责人、荷兰建筑师雷姆·库哈斯在一篇文章中写道："在充满混乱、分解、分离和否定的风景中，'大'的吸引力在于它重建'整体'的潜力，它让'真实'复活，重塑集体性，并回收最大的可能性。"

在雷姆·库哈斯看来，"大"呈现在都市的纹理外部，在单栋建筑里创造大体上能够自给自足的迷你城市。建筑所在的场地通常被当成一块白板，大容量和多元的用途完全不受网格之类的传统建筑秩序的束缚。这种不考虑所处环境和场所的建筑常出现在靠近高速路的城市远郊地带，或是城市里那些被拆除或因为彻底重建而将过往痕迹抹除殆尽的区域。1995年，库哈斯出版了以"大"为主题的论文，取名为《小号、中号、大号、加大号》，首版如今已变成收藏家的藏品。书中的核心观点是：经过150年的发展，一种超大规模的建筑运作模式已经诞生，它试图将多种用途整合在超大比例的单一空间外壳上。他指出，这类项目无法用传统的建筑观念和空间组织技巧来处理，他呼吁需要为这种新的规模找出适合的理解和处理方式，而"大"正成为一种

超级大的新都市主义。在库哈斯眼中，"大"以及它在传统城市里所代表的含义，是消费性资本主义的必然产物，也是一种无法控制的情况，要求建筑师找出新办法来应对。库哈斯会采用"大"的切入方式来处理交通转运站、港口和商业中心这类大型方案。大都会建筑事务所设计的泽布鲁日海上转运站和中国中央电视台新大楼就是其中两件代表作——将复合功能汇聚在一个巨大的空间内，构想出一种建筑手法来处理整体的形式特征，最明显的是采用独一无二的形状和量体，但也会把相关的知识概念纳入其中。库哈斯将其描述成一种"复杂的体制"，项目的各种元素以具有建设性的方式彼此互动，在同一个壳层内部生产出新的可能性。在库哈斯看来，"大"并非某种约定俗成的宣言，而是用来指称在这种新规模的活动框架内部所具有的各种可能性。这些概念有很多已经在既有的都市纹理、中东地区的新兴场所或美国室内化的巨大购物中心里得到实现。然而事实证明，结果并不令人满意。库哈斯在"哈佛城市计划"以及根据该计划出版的第一部专书《哈佛设计学院购物指南》中，对上述现象做了分析："全球化就像飓风一样，让建筑特点全部重新排列。如今建筑师必须学习处理他们一无所知的背景、气候和环境。"其结果就是创造出所谓的"垃圾空间"。他还指出："我们所盖的东西已超过先前所有时代的总和，但是……我们并未留下金字塔般不朽的建筑。"

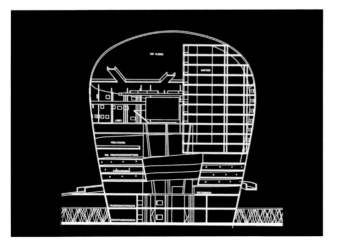

1989年在泽布鲁日海上转运站设计方案竞赛中，雷姆·库哈斯和其所在的大都会建筑事务所提交的参赛稿是早期的一个多功能项目设计，该项目引发了库哈斯对于"特大"规模的探索，之后他在1995年出版了极具影响力的《小号、中号、大号、加大号》一书。

捷得国际建筑师事务所设计的位于日本大阪的难波公园在2008年对外开放，它的设计理念是在密集的城市中心制造出一块绿洲，其中包含了大量的住宅、办公楼和休闲空间，是一种典型的"大"建筑。雷姆·库哈斯深信这与传统建筑形式有着很大不同。

雷姆·库哈斯设计的西雅图公共图书馆于2004年完工，采用折叠板来封闭钢架玻璃结构，可以使人们多少能看到其内部的空间布局。

类似纺织品的形式

观念 98

折　层

　　"折层"这个我们所熟悉的字眼，近来在探索电脑辅助设计和制造系统潜力的建筑形式中占据核心位置，这些形式可以用来建造出美国数字建筑设计大师格雷戈·林恩所谓的"错综复杂的装配"。

折层形式之所以流行起来，无疑得感谢弗兰克·盖里近期的一些作品，他对于18世纪肖像画中经常可以看到的带有华丽褶皱的布料非常着迷，不过折层形式的产生，倒是和盖里的方式大不相同。盖里的做法比较像雕刻家，先塑造实体模型，接着交由技术人员利用镭射切割以数字方式再现出来，然后将得到的"点云"资料发展成数字版的建筑信息模型，利用电脑辅助设计和系统制造零构件。另外一方面，数字设计师则会使用软件从零部件开始设计，直至设计出整个建筑形式。

　　从理论角度来说，对折层形式的兴趣归功于法国哲学家吉勒·德勒兹所创出的一种非常高难度的理论体系，他在《折层：莱布尼兹和巴洛克》（法文版1988年，英文版1993年）一书中对该理论进行了阐述。德勒兹的折层观念是以莱布尼兹的"单子"概念为基础，这位伟大的德国哲学家兼数学家认为，单子之于形上学领域就像原子之于物理学和现象学世界。折层观念运用到数字世界，自然是更为具体，也更属于技术层面，反映出人们对于与编织、折层和接缝有关的组构实物越来越感兴趣，这些做法创造出林恩所谓的"数字哥特样式"。这些发展出现的时间，都比目前用来制作折层形式的软件稍微早一些，但毫无疑问的是，数字能力确实给这种处理方式带来了便利。

　　名为"云形曲线集"的电脑程式，需要用到参数曲线或所谓的"云形曲线"，透过曲线配适程序来模拟难以分析的复杂形状（"云形曲线"一词源自海事建筑师以前用来绘制平滑船壳的可弯曲绘图工具）。对这种复杂折层形式的着迷，也反映出人们越来越关注电脑辅助设计系统可以做出多么复杂的组构和空间配置，允许各式各样的元素以错综复杂的方式彼此交织，创造出——再次引用林恩的话——"部分变化不能还原为整体结构"的观点，而这正是20世纪60年代发展出来的"系统理论"的关键概念。

　　就视觉而言，折层形式在某个距离外看起来相当性感而且同质性很高，与用来建构它们的机械式部件的异质形貌刚好相反。因此我们可以把折层看成某种介于巨型和微型尺度之间的运作方式，能够生产出错综复杂的组构来反映以数字为基础的建筑产品的新科技和新模式。大量生产的机械式重复是第一次工业革命的典型特色，折层形式与此相反，在该派的拥护者眼中，折层是由"复杂精巧的机器"生产出来的一种半生物形式。和更早期的加法式布局一样，建筑师可以利用这种方式来生产各式各样的"由下而上"的复合体，借此反映出自然有机体的发展。

扎哈·哈迪德设计的罗马21世纪国家艺术博物馆于2010年落成，而这已经是当初参赛稿获选之后的第十年。该建筑被视为参数设计的宣言，旨在发展一种复杂的秩序系统，来组织和反映我们越来越复杂的社会结构和生活。

设计师独特的个人"风格"可以被有效地嵌入到他们所使用的数字代码和图形界面之中。

电脑时代的复杂形式

观念 99
参数化设计

越来越多的建筑设计师开始转向使用参数软件，这些软件可以让他们明确限定并多次改变设计元素之间不同的参数关系，从而创造出此前无法想象的建筑形式。

位于伦敦的瑞士再保险塔，通常被称为"小黄瓜"大厦，福斯特建筑设计事务所采用了流体力学软件来计算大厦的最佳轮廓，然后将其转化为动态参数模型来控制大厦细节的几何构造。那些看似有弧度的玻璃都被自动转化成平面元素，它们的形状和位置会跟随大厦整体几何构造的变化而自动进行调整。

这种软件程序类似于传统的表格程序：软件存储各种设计元素之间的算术关系，也允许这些元素被改变和更换。整个模型可以按照相同的方式来"重建"，表格程序重新计算数值的变化。

参数化设计起源于航空航天业和汽车行业，作为一种设计复杂曲线形式的方法，用来满足航空动力学和其他的一些标准。建筑界所使用的传统的电脑辅助设计可视化技术无法支持对三维模型进行交互式的修改。

建筑界需要设计出一款全新的不同于以往的参数设计模型，而这需要计算机编程、数学和逻辑方面的知识，而这些知识往往是建筑课程里面所不涉及的。报刊上越来越多地使用参数化设计的影像，而最常见的商业化软件系统都分别采用不同的方式来制作模型，对于那些急于模仿的学生来说，情况因此变得更加不容乐观。

尽管参数方法通常都跟复杂的、动态的形式联系在一起，但是这些形式背后的生成逻辑并不那么显而易见，例如近来扎哈·哈迪德的设计（对页图），参数化程序被用来探索对生态和环境敏感的复杂设计形式。拉尔夫·诺尔斯是这一领域的先行者之一，他的大部分作品在"参数化"设计真正被广泛采用之前就已落成，他所倡导的城市或者居住区的"太阳能庭院"理念就采用了简单的参数技术来达到对太阳能的最大化利用。

在实践中，参数化设计同日益复杂的CAD、CAM技术所具备的功能紧密相关，在建造数量众多、复杂且独特的部件时这些技术有助于降低成本。如果没有这些技术，弗兰克·盖里最新的设计作品就不可能完成，福斯特建筑事务所设计的位于伦敦的瑞士再保险大楼（右上图），复杂的空气力学造型和螺旋式上升的进光孔，以及大英博物馆的大中庭膨胀的玻璃屋顶（也是由福斯特事务所设计），都采用了参数化设计。

参数工具能够描述一个设计方案背后的逻辑和含义，而不是以某种形式将它们具体表现出来，如此一来，可以大幅减少探索连续迭代设计所花费的时间。参数化设计和正投影一样影响深远，来自扎哈·哈迪德设计事务所的合伙人帕特里克·舒马赫创造了"参数主义"一词，来命名建筑界公认的这场新动向。

福斯特建筑事务所和弗兰克·盖里，以及其他一些设计师，如今都会聘用计算机程序员作为团队的一部分，凸现出当今使用参数化设计软件的一代设计师所面临的主要问题，那就是设计师独特的个人"风格"可以被有效地嵌入到他们所使用的数字代码和图形界面之中。采用参数化工作方式就意味着所有的电脑程序决定等同于设计决定，而作为实际操作中的建筑设计师，即使不是独立的个体，也需要学习一系列新技能，以便于能够充分掌握利用这些新技术。

巧妙而熟悉的设计

观念 100

日　常

　　"日常"一词包含着两个看似矛盾的问题：一方面确信建筑师正在变成遥不可及的专业人士，另一方面却又从一种审美的高度，立志要让建筑看起来巧妙、亲切又"日常"。

21世纪初的年轻建筑师和理论家普遍对"日常"抱有高度兴趣，这种关注可以回溯到20世纪50年代和60年代的波普文化和社会行动主义。为了回应前者，英国史密森夫妇等建筑师逐渐受到美国消费产品的吸引；至于后者，罗伯特·文丘里以1996年出版的《建筑的复杂性与矛盾性》宣称，众所熟悉的美国"主街基本都是没什么问题的"；稍后更大肆赞扬拉斯维加斯大道的种种优点（参见第170—172页图）。

　　面对战后的重建挑成，史密森夫妇拒绝当时广为采用的厚板式以及塔式高层住宅，而比较偏爱他们命名的"天空街道"。灵感来源之一是摄影师亨德森备受推崇的儿童在东伦敦街头嬉戏的照片。对于工人阶级文化的关怀，很快就吸引年轻一辈与参与政治介入的思想家，他们开始质疑建筑的价值，因为根据传统上的认识，建筑理应是扮演"解决"这类问题的手段。为了呼应伊里

罗伯特·文丘里在他发表的《建筑的复杂性与矛盾性》一书中宣称"主街基本都是没什么问题的"，他很早就开始对日常建筑产生了兴趣，图中他设计的特鲁拜克和维斯罗基之家几乎就是重建了人们所熟悉的科德角风格的小屋。

奇等人所提出的专业批评，他们指出，一路学习来到研究所，接受昂贵教育的建筑师，从教育、特权和阶级角度而言，必然会与他们帮忙设计房子的业主属于两个不同的世界。为了因应这种情况，20世纪70年代的社区建筑运动鼓励民众参与设计并（自主）施工，把设计师锻炼成熟知规划系统、营建条例和其他法规与实物需求的关键角色。

最近人们对于"日常"重新燃起兴趣，主要是受到下面这本书的激励，它就是由伯克和哈里斯于1997年编辑出版的《日常建筑》，书中每位撰文者都探讨了专业高级建筑和日常建筑物之间的关系。该书拥护寻常、平庸和司空见惯，表达出有越来越多建筑师渴望逃离消费和流行循环的理想，在20世纪80年代强调样式的后现代主义主导下，这类循环让建筑快要沦为一时的时髦风尚。这些作者谈论了那些非纪念性和反英雄的建筑，以及以日常生活的常见方法和环境为基础的案例。

有些建筑师受到这些著作的启发，受到处理类似主题的当代艺术和摄影，以及由史密森夫妇为代表的前辈作品的启发，开始以更敏锐的眼光寻找日常美学。于是我们看到，以伦敦为基地的舍吉森贝茨建筑事务所，因为设计了沃尔索尔的一间酒吧和斯蒂夫尼奇的一组半独立屋而受到瞩目，该事务所最近在伦敦的几个设计方案全都大力拥护该城独一无二的黄灰色普通砖墙。

术语表 （按拼音字母排序）

A

爱奥尼克柱式（Ionic）：希腊古典柱式中的第二种，带有凹槽的竖线，顶部带有独特的螺旋式蜗壳。

B

巴洛克（Baroque）：一种动态的风格，在17世纪晚期和18世纪早期极为兴盛。巴洛克风格受到罗马天主教反改革派的支持。

半圆形后殿（apse）：一种带有半球形状拱顶的凸出来的部分，在天主教教堂中，半圆形后殿也可以是多边形的，经常被修建于建筑东侧尽头。

壁柱（Pilaster）：一种略微伸出、但基本上是平的，嵌在墙内的柱子。

D

电脑辅助设计和电脑辅助制造（CAD/CAM）：CAD/CAM是对于电脑辅助设计和电脑辅助制造的缩写，如果使用CAD/CAM，建筑的数字模型也会被用来产生各种文件，进一步控制机器生产出建筑所需的零部件。

多立克柱式（Doric）：希腊柱式中最古老的一种，坚固的带有凹槽的柱子，顶部没有任何装饰。

F

分层法（Stratification）：字面意思就是"按照层次来建造"，在建筑领域，该词用来强调建筑中地板和其他水平结构的元素。

G

高侧窗／天窗（Clerestory）：最初被用在罗马巴西利卡或者天主教堂的上层，现在通常用来指连接天花板和墙壁之间的连续玻璃结构。

哥特式（Gothic）：一种起源于12世纪法国的建筑风格，延续至16世纪，并在19世纪复兴，特点是在结构上大量使用尖拱顶和穹顶。

宫殿（Palazzo）：英文单词palace在意大利语中的对应词，但是通常被更加广义上用来指规模较大的房子、某个机构的建筑，甚至是一些大型的公寓建筑群。

功能主义（Functionalism）：一种理念，认为建筑的形式完全可以，也应该由建筑的目的来决定，这种目的可以是实际的、结构上的或者环境上的。

古典（Classical）：在建筑领域，"古典"通常被用来指一种源自古希腊和古罗马文艺复兴时期的建筑风格，后来成为建筑学院派形式的基础，直到20世纪在建筑学院被广泛学习和传授。

古典柱式的顶部（Entablature）：古典柱式建筑的水平上半部分，包括楣梁连接的柱子、楣和突出的檐口。

H

横楣（Transom）：建筑中水平的横向梁，框架结构中，最常见的是用来指窗户或者门的细分结构。

花饰窗格（Tracery）：一系列复杂的细长的石材结构，用来支撑哥特式建筑窗户的玻璃。

黄金比例（Golden Ration/Golden Mean）：黄金比例是一种理想比例，一条线被分为A和B两段，其中A：B和A+B：A的比例是一样的，最后得出的比例数是一个无理数1：1.61803……

J

建筑工料清单（Bill of quantities）：一种用来估算建筑耗材成本的文档，包含修建一座建筑中所需要的各种建筑材料的类型、质量、数量。

建筑信息模型[Building information model（BIM）]：一种建筑的计算机三维模型，协调配合建筑设计中所涉及的所有方面，包括空间组织、结构、部件、建筑服务等。

矫饰主义（Mannerist）：一种基于刻意扭曲古典建筑风格的表现手法，或者这种表现手法的支持者。

K

科林斯柱式（Corinthian）：希腊建筑三大柱式中的第三种，该柱式的特点是细长，带有凹槽竖状，在柱子的顶部有各种风格化的叶子装饰。

L

理念（Parti）：法语单词，在布杂艺术风格中被用来指建筑的基本组织理念。

螺形支座（Console）：一种伸出的支架或者枕梁，通常带有涡旋形轮廓。

螺旋状（Helical）：空间中一段流畅的曲线，跟螺旋类似，因此它也被称为"空间"中的楼梯（恰当地来说，"空间"一词在这里用来指连续延伸的二维曲线）。

洛可可（Rococo）：巴洛克建筑风格的一种形式，它效仿法国建筑风格，并在18世纪中期兴盛一时。

M

密网格穹顶（Geodesic）：在建筑领域，"geodesic"用来指由理查德·巴克明斯特·富勒（Richard Buckminster Fuller）所发明的一种圆顶的形式。

P

斗拱（穹隅）（Pendentive）：建筑的弯曲的空间，连接圆形或椭圆形的圆顶下面一个正方形或长方形的空间。

平面（Planar）：从字面意思来看，就是说"具有平面的特征"，通常指对墙面、地板和天花板的处理手法，强调它们典型的长方形平面的抽象结构特点。

R

热／冷桥（thermal bridge/cold bridge）：绝缘的、固体的物质，例如墙面的柱子，或者是建筑中的过梁等可以将室内的热量传出室外的物质。

热飞轮（Thermal flywheel）：墙壁、地板或者建筑上的其他固体物质所具有的能够吸收热量，同时当建筑内部冷下来时又能释放热量的能力，这种功能有助于减少对于制冷和取暖方面的要求。

S

十字（形）耳堂（Transept）：一个区域，通常见于教堂类建筑，与教堂中殿垂直，向两侧伸出来组成拉丁十字平面中的十字结构。

竖框／直棂（Mullion）：窗户的垂直细分结构，将窗户分开。

所处位置（Came）：建筑所处的具

体位置。

T

椭圆形装饰框（Cartouche）：最初
该词用来描述长方形框架，含有古代埃及
王室的象形文字，后来被延伸用来指古典
建筑中类似的框架装饰图案。

W

维特鲁威三要素（Vitruvian triad）：
这是建筑领域对于古罗马建筑师维特鲁
威提出的理念的最简短的定义，在拉丁
文中这三个词是"utilitas""firmitas"和
"venustas"，亨利·沃顿爵士（Sir Henry
Wotton）在其著名的英文翻译中，翻译为
commodity，firmness 和 delight，意思是实
用、坚固和美观。

物质性（Materiality）：用来指建筑
的材质特点，尤其是当建筑材料是建筑表
现手法的重要组成部分时。

X

现代 / 现代主义者（Modern/Mod-
ernist）："现代"的首个大写字母是"M"，
被广泛用来指主导了 20 世纪二三十年代
一系列先进的建筑理念，而现代主义者用
来指一群激进运动的支持者，他们分散在
20 世纪上半叶各个艺术领域。

乡土 / 乡村风格（Rustication）：一
种砖石结构建筑的风格，通常表面粗糙，
突出交界处，通常被用在靠近地面的一层，
以此来强调力量和安全。

新城市主义（New Urbanism）：该
词在英国和美国被用来指支持和呼吁回归
传统来进行城市规划，通常是指回归古典
主义形式。

新古典主义（Neo-classicism）：
一种呼吁回归严格的古典主义规则的风
格，始于 18 世纪中期，是对当时华丽的
洛可可建筑所做出的一种回应。

新艺术运动（Art nouveau）：新艺
术运动（在德语中被称为 Jugendstil）是一
种反学院派的风格，支持一些将自然界作
为灵感来源的艺术。

形式主义（Formalism）：一种信念，
认为建筑的艺术价值在于其形式，完全不
考虑建筑的用途、意义或者环境。

Y

样条（Spline）：该词起源于制图员
用于画波浪线的工具，现在被通用来指波
浪线的形式，在电脑辅助制图软件中很容
易生成。

Z

正交（几何）[Orthogonal（geom-
etry）]：一种完全基于线条和平面的平行
或者彼此垂直成 90° 的形式组织系统。

中殿（Nave）：巴西利卡的中间空间，
或者是指巴西利卡形式的天主教教堂中间
的空间，通常两侧带有通道。

忠于材料（Truth to materials）：一
种教条，坚持认为建筑的结构和形式都应
该遵循对于建筑材料"真实的"的使用，
要尊重建筑材料的"天性"和特质。

主要地板 / 乡土的地板（Piano no-
bile/piano rustica）：在意大利语中，
"piano"指的是地板，"noble"指主要
建筑所处的主要区域的地板，或者说主要
建筑或广场建造于主要的地板之上；意大
利语"rustic"地板指的是建筑靠近地面
底层的地板，在古典建筑中通常是采用质
朴的石材。

纵向排列（Enfilade）：是指一系列
互相连接的房子，通常房间的门会对齐成
一条线，形成一种视觉上的中轴线的感觉。

图片来源

2 Corbis/Rudy Sulgan; 8 Ancient Art & Architecture Collection Ltd/ Ronald Sheridan; 9 Alamy/ Miguel Angel Muñoz Pellicer; 10 Scala, Florence/ Photo Opera Metropolitana, Siena; 11 Office for Metropolitan Architecture/© OMA/ DACS 2010; 14 top Corbis/ © Skyscan; 15 Corbis/ © Bettmann; 20 Maarten Helle; 21 Corbis/ © Dean Conger; 22 Frank Lloyd Wright Foundation/ © ARS, NY and DACS, London 2010; 23 © Paul M.R. Maeyaert; 24 Corbis/ © Bettmann; 25 Getty Images/Fergus O'Brien; 26 © Angelo Hornak; 27 top Scala, Florence – courtesy of the Ministero Beni et Att. Culturali, bottom View Pictures/Edmund Sumner; 28 © Angelo Hornak; 29 Corbis/ © Roger Wood; 30 top Alamy/David Muenker, bottom Alamy/© VIEW Pictures Ltd; 31 © Vincenzo Pirozzi, Rome; 33 top Corbis/ © Ellen Rooney/Robert Harding World Imagery; 34 Corbis/ © Charles E. Rotkin; 35 © Quattrone, Florence; 36 © Fotografica Foglia, Naples; 37 Image Courtesy of Rafael Vinoly/(c) Kawasumi Architectural Photography; 38 top Corbis/ © David Lomax/Robert Harding World Imagery, bottom Corbis/ Andrew McConnell/Robert Harding World Imagery; 41 Corbis/© Sandro Vannini; 42 © Vincenzo Pirozzi, Rome; 43 top Corbis/ © Alinari Archives, bottom Corbis/ © Bettmann; 44 Fondation Le Corbusier/ © FLC/ ADAGP, Paris and DACS, London 2010; 46 Corbis/ © Angelo Hornak; 47 top Corbis/© Leonard de Selva, bottom Alamy/ © Marion Kaplan; 50 The Bridgeman Art Library/ St. Paul's Cathedral Library, London; 51 Alinari/DeA Picture Library/ © Eredi Aldo Rossi. Courtesy Fondazione Aldo Rossi; 52 Alamy/ © The Protected Art Archive; 53 top RIBA Library Photographs Collection; 54 Getty Images/National Geographic Collection/ Jim Richardson; 55 top Courtesy Foster + Partners/ © Reinhard Gorner; 56 Getty Images/The Bridgeman Art Library/Larry Smart; 57 Corbis/ © Peter Aprahamian; 58 left Private Collection; 59 Scala, Florence; 60 Topfoto.com; 61 Alamy/ © VIEW Pictures Ltd/Peter Cook; 62 Getty Images/ Time & Life Pictures; 63 The Bridgeman Art Library/ Bibliothèque Nationale, Paris; 64 akg-images/ Erich Lessing; 65 Sir John Soane's Museum, London; 66 Frank Lloyd Wright Foundation/ © ARS, NY and DACS, London 2010; 67 akg-images/ Wien Museum; 68 The Bridgeman Art Library/ Santa Maria Novella, Florence; 69 The Bridgeman Art Library/ Bibliothèque de l'Institut de France, Paris/ Giraudon; 70 Corbis/ © Arte & Immagini srl; 71 © First Garden City Heritage Museum; 72 Courtesy Venturi, Scott Brown and Associates, Inc.; 73 Alamy/ © travelib prime; 75 top Corbis/ © Eric Crichton, bottom Alamy/ © David Caton; 76 top & bottom © Christopher Simon Sykes; 77 Corbis; 79 Private Collection; 81 top Studio arch. Mario Botta/ Alo Zanetta/ bottom Studio arch. Mario Botta/ Marco D' Anna; 82 Corbis/ © Stapleton Collection; 83 Photo Scala, Florence/ Luciano Romano; 84 Getty Images/Robert Harding World Imagery/ Roy Rainford; 85 Image courtesy of Gardenvisit.com; 86 Alamy/ © Chris Howes/ Wild Places Photography; 87 akg-images/Bildarchiv Monheim; 88 RIBA Library Photographs Collection; 89 Getty Images/ The Image Bank/ Walter Bibikow, bottom Private Collection; 90 Corbis; 91 Corbis/ © Marc Garanger; 92 Alamy/ © David Parker; 93 Corbis/ © David Lefranc/Kipa; 94 Corbis/ © Peter Barritt/SuperStock; 95 top Courtesy Foster + Partners/ © Nigel Young, bottom Corbis/ © Bettmann; 96 © DACS 2010; 97 Corbis/Arcaid/ © Richard Bryant; 98 Corbis/ © Underwood & Underwood; 99 Corbis/ © Xie Guang Hui/Redlink; 100 Alamy/ © Geoffrey Taunton; 101 top Corbis/© Vanni Archive, bottom Frank Lloyd Wright Foundation; 102 top Corbis/ © Bettmann, bottom Austin History Center, Austin Public Library (photo IDC02047); 103 Corbis/ © Raimund Koch; 104 Corbis/ © Murat Taner; 105 top Corbis/ © Bettmann, bottom left Corbis/ © Bettmann, bottom right Alamy/ © ImageState; 106 Foto Vasari; 107 bottom Frank Lloyd Wright Foundation/ © ARS, NY and DACS 2010; 108 Corbis/ © Arthur Thévenart; 109 bottom akg-images/Gilles Mermet; 112 top Corbis/ © Gianni Dagli Orti; 113 Corbis/ © Julian Kumar/Godong; 114 Corbis © Jonathan Blair; 115 Matteo Piazza; 116 Jeremy Lowe; 117 Corbis/ © Mimmo Jodice; 119 Corbis/ © Robert Wallis; 120 left Museum of Finnish Architecture (MFA) / Photographer Gustaf Welin/© DACS 2010, right Alvar Aalto Museum/Photo Gustaf Welin; 121 RIBA Library Photographs Collection; 122 Bauhaus-Archiv Berlin; 123 top Bauhaus-Archiv Berlin/ © DACS 2010, bottom akg-images; 124/125 Scala/Digital image Mies van der Rohe/Gift of the Arch./MoMA/ © DACS 2010; 126 Alamy/The Art Gallery Collection/ © DACS 2010; 127 Scala, Florence/ © 2010 The Museum of Modern Art, New York/ © DACS 2010; 128 © ARS, NY and DACS, London 2010; 129 top View Pictures/ © Wolfram Janzer/Artur; 129 bottom View Pictures/ © Wolfram Janzer/Artur; 130 Corbis/ © Construction Photography; 132 © Cambridge University Press reproduced with permission/On Growth and Form by D'Arcy Thompson, 1942; 133 top Alamy/ © Kim Karpeles, bottom Corbis/ © Joseph Sohm; Visions of America; 134 Alamy/ © B.O'Kane; 135 Getty Images/Hulton Archive; 136 © DACS 2010; 137 Collection Centraal Museum, Utrecht, inv.nr. 004 A 104, Rietveld, Gerrit Thomas (Utrecht 1888 – Utrecht 1964) Rietveld Schröder House (home of Truus Schröder-Schräder), collotype of drawing 004 A 059, coloured with watercolour and stuck on brown cardboard, 84cm high x 87cm wide, Collectie Rietveld Schröderarchief/DACS 2010; 138 bottom left Based on the drawings from the James Stirling/Michael Wilford Fonds, Canadian Center for Architecture, Montréal. Used with permission from the Canadian Center for Architecture; 141 top Fondation le Corbusier/© FLC/ ADAGP, Paris and DACS, London 2010, bottom Peter Kent, London/ Fondation le Corbusier/© FLC/ ADAGP, Paris and DACS, London 2010; 142 akg-images/ Bildarchiv Monheim; 143 top Eisenman Architects, bottom Getty Images/Archive Photos/ © ARS, NY and DACS, London 2010; 145 Alamy/© VIEW Pictures Ltd/Dennis Gilbert/©ADAGP, Paris and DACS, London 2010; 146 Private Collection; 147 Scala, Florence/Digital image, The Museum of Modern Art, New York; 150 top Matteo Piazza; 152 Corbis/ © Angelo Hornak; 153 Stockholms Stadsmuseum/ Stockholm City Museum; 154 Corbis/ © Alan Weintraub/Arcaid; 155 Alberto Campo Baeza/ Hisao Suzuki; 156 Getty Images/Archive Photos; 157 top William W. Wurster/WBE Collection (1976–72) Environmental Design Archives, University of California-Berkeley, bottom ©DACS 2010; 158 left © EHRENKRANTZ ECKSTUT & KUHN ARCHITECTS; 158/159 John Short / Roger Stirk Harbours and Partners; 160 Anderson & Low/ © FLC/ ADAGP, Paris and DACS, London 2010; 161 Alamy/ © Powered by Light/Alan Spencer; 162 Kali Tzortzi; 163 Museum of Finnish Architecture (MFA): Illustrations from the Morphology–Urbanisme Exhibition (1960): Architect Reima Pietilä: 68-1262, 68-1263, 68-1264, 68-1265.; 164 Architectuurstudio HH (Herman Hertzberger); 166 Louis I. Kahn Collection, The University of Pennsylvania and the Pennsylvania Historical and Museum Commission, photo by Robert C. Lautman; 168 Alamy/ © dk; 170 Based on the drawings of Robert Venturi used with Permission of Venturi, Scott Brown and Associates, Inc.; 171 bottom Vladimir Paperny; 172 left Courtesy Venturi, Scott Brown and Associates, Inc, right Corbis/ © Macduff Everton; 173 top Scala, Florence/Photo Spectrum/ Heritage Images; 173 bottom Alamy/ © A ROOM WITH VIEWS; 174 Scala, Florence/Digital image, The Museum of Modern Art, New York/ © Eredi Aldo Rossi. Courtesy Fondazione Aldo Rossi; 175 top Fratelli Alinari/Folco Quilici, bottom Alamy/© Robert Tigel; 176/178 Duccio Malagamba; 176 right View Pictures/ © Fernando Guerra; 178 top Courtesy Charles Moore Foundation, bottom Alamy/ © Stillman Rogers/© DACS 2010; 179 Nathaniel Coleman; 180 Paul Warchol Photography Inc.; 181 View Pictures/ © Zooey Braun/Artur; 182 top Ezra Stoller © Esto. All rights reserved; 182/183 Corbis/ © Christian Kober/Robert Harding World Imagery; 184 top & bottom FOA/Satoru Mishima; 187 View Pictures/ © Luc Boegly/Artedia; 188 top & bottom Walter Segal & Jon Broome Architects; 189 Alamy/ © View Pictures Ltd/Peter Cook; 190 top Corbis/ © Angelo Hornak, bottom Alamy/© Andre Jenny; 191 Courtesy of Kohler Co.; 193 top & bottom Courtesy Mott MacDonald/© Giles Rocholl Photography Ltd; 195 Rolf Disch SolarArchitecture; 196 Corbis/ © Ashley Cooper; 197 Corbis/ © Proehl Studios; 198 Arcaid Images/Richard Bryant; 199 top Alamy/© Mark Burnett, bottom akg-images/ Reimer Wulf; 200 © Office for Metropolitan Architecture/ © OMA/ DACS 2010; 201 Courtesy: The Jerde Partnership/Photo: Hiroyuki Kawano; 202 Corbis/© Michael Robinson/Beateworks; 203 JDS/JULIEN DE SMEDT ARCHITECTS / BRUSSELS; 204 Courtesy Zaha Hadid Architects/photo Iwan Baan; 205 Alamy/ © Andrew Holt; 206/207 Courtesy Venturi, Scott Brown and Associates, Inc.

All other pictures by Richard Weston

致　谢

　　作者在此感谢山姆·奥斯汀、艾德·韦恩怀特和克洛伊·山姆贝尔，感谢他们为本书所做的研究工作，也感谢其他同事和朋友在本书立意到成书过程中参与的非正式讨论。

　　理查德·韦斯顿是英国卡迪夫大学的建筑学教授。他出版的著作包括获得1995年弗莱切尔奖的理论专著《阿尔瓦·阿尔托》，以及关于丹麦建筑师约恩·乌松的权威论文《材料、形式和建筑》和《20世纪的重要建筑》第二版。

图书在版编目（CIP）数据

100 个改变建筑的伟大观念 ／（英）理查德·韦斯顿
著；田彩霞译． -- 北京 ：中国摄影出版传媒有限责任
公司 ，2020.11
书名原文：100 Ideas that Changed Architecture
ISBN 978-7-5179-1014-5

Ⅰ．① 1… Ⅱ．①理… ②田… Ⅲ．①建筑史－世界
Ⅳ．① TU-091

中国版本图书馆 CIP 数据核字（2020）第 268247 号

北京市版权局著作权合同登记章图字 :01-2020-2741 号

100 个改变建筑的伟大观念
作　　者：［英］理查德·韦斯顿
译　　者：田彩霞
出 品 人：高 扬
责任编辑：常爱平
版权编辑：张 韵
装帧设计：胡佳南
出　　版：中国摄影出版传媒有限责任公司（中国摄影出版社）
　　　　　地址：北京市东城区东四十二条 48 号　邮编：100007
　　　　　发行部：010-65136125　65280977
　　　　　网址：www.cpph.com
　　　　　邮箱：distribution@cpph.com
印　　刷：北京盛通印刷股份有限公司
开　　本：16 开
印　　张：13.25
版　　次：2021 年 1 月第 1 版
印　　次：2021 年 1 月第 1 次印刷
ISBN 978-7-5179-1014-5
定　　价：59.00 元